Raspberry
Pi 4 最佳入門與 實戰應用 第三版
適用Raspberry Pi 2 / Raspberry Pi 3

序

Raspberry Pi 自 2012 年 2 月推出後，筆者因為居住地的關係，很早就有機會把玩與探索 Raspberry Pi 在各領域的應用，而在 2019 年 6 月 24 日**樹莓派**基金會也正式推出 Raspberry Pi 4，因此，本書以 Raspberry Pi 4 為主的內容進行改版。

目前 Raspberry Pi 已經是非常穩定的革命性產品，在國外主流媒體的報導下，截至 2020 年 1 月為止，已在全球銷售了 3,000 萬台，這個驚人的數據毫無疑問地確立了它在電腦發展史的地位。Raspberry Pi 不但可以運用在電腦初學者的教育、低收入者的電腦、無人機的駕駛、海洋探索的設備等，甚至是 Amazon 自動送貨飛機的核心，理由何在？正是因為它體積小、低耗電，且是 Open Source 的緣故，在資訊公開的現在，更是吸引無數開發者的投入與分享。

透過多台 Raspberry Pi 的互助應用，可以預期未來雲端計算和分散式運算的強大發展，而其低價體積小的優勢，更為物聯網的發展提供了實際的解決之道，且每週都有來自世界各地源源不絕的新創意湧入，相信 Raspberry Pi 的未來還有更多應用等著您發揮想像力來探索。

感謝碁峰資訊的協助，讓這本書順利上市，更感謝您實質上的支持購買，讓我更有動力分享新科技，還要感謝各位讀者的愛戴，讓前一版《Raspberry Pi 最佳入門與實戰應用》一推出就占據 PC Home、博客來網路書店、天瓏網路書店等各大書店的電腦類書籍銷售排行榜前 5 名。

筆者在全球各地定期都有開課，讀完此書後若想進一步深造的讀者，可以拜訪筆者的網站或報名相關課程。若有培訓需求，歡迎您來信至 powenkoads@gmail.com。筆者居住在美國矽谷近 20 年，書中如有表達不清楚或筆誤之處，也歡迎來信或至網站上惠賜您寶貴的意見，我會盡可能一一回覆。

最後，祝大家在 Raspberry Pi 4 上無往不利，我們下一本 Raspberry Pi 書籍再相會。

柯博文

於美國矽谷 San Jose.

www.powenko.com

目錄

Chapter 1　認識 Raspberry Pi

Chapter 2　準備作業系統和開機 SD 卡

Chapter 3　Raspberry Pi 樹莓派相關設定

Chapter 4 Raspbian 圖形介面

Chapter 5 Linux 命令列環境與操作

Chapter 6　架設網站伺服器

Chapter 7　使用 Scratch

Chapter 8　在樹莓派上進行程式開發 ── 使用 Python

Chapter 9　樹莓派 GPIO 控制 — 使用 Python

Chapter 10　Raspberry Pi 實戰應用 —
物聯網篇、網路控制 GPIO

Chapter 11 Raspberry Pi 實戰應用 —— 使用 Arduino 讀取類比資料

Chapter 12 Raspberry Pi 實戰應用 —— 多媒體篇

Chapter 13 Raspberry Pi 實戰應用 —— 影像篇

Chapter 14 Raspberry Pi 實戰應用 —— NAS 伺服器

關於本書的教學影片檔、範例程式檔
請至 http://www.powenko.com/download_book/ 下載，檔案為 ZIP 格式，請讀者自行解壓縮即可。其內容僅供合法持有本書的讀者使用，未經授權不得抄襲、轉載或任意散佈。

請輸入書中的帳號密碼登入下載
ISBN：9786263244122
使用者名稱(Username)：8456-0768-0915-3091-5713-7584
密碼(Password)：EH0047

認識 Raspberry Pi

本章重點

1.1 什麼是 Raspberry Pi？

Raspberry Pi 樹莓派是一個開放原始程式碼的硬體專案平台，該平台包括一塊具備簡單 I/O 功能的電路板與 ARM SOC（System on a Chip）的晶片，並且能執行 Linux 和擁有一大堆的 Linux 軟體。Raspberry Pi 可以用來開發交互產品，比如它可以讀取大量的開關和感測器訊號，並可以控制電燈、電機和其他各式各樣的物理設備，Raspberry Pi 也可以開發出與 PC 一樣的周邊裝置，以及與在 Linux PC 上執行的軟體進行網路通信。Raspberry Pi 的硬體電路板可以自行焊接組裝，也可以購買已經組裝好的模組，而程式開發環境的軟體則可以免費從網上下載與使用，重點是它的價格非常的便宜。

Raspberry Pi 是目前表現最讓人驚豔的電腦。大部分使用的計算設備（包括手機、平板電腦和遊戲機）都是一體成形，且難以在上面開發與設計相關的應用軟體，加上硬體是不公開的，想要修改硬體更是難上加難。但 Raspberry Pi 正好完全相反，打從看到設計精美的綠色電路板的那一刻，它便邀請您進入萬用的電腦世界，在那個世界裡，一切都是公開的，所有開發者都樂於分享資訊。

它不但配備了所需要的工具，也可以將自己製作的軟體和程式連接到它的電子硬體，並用它來設計周邊硬體。

圖 1-1 Raspberry Pi 4 的外型

1.2 樹莓派的歷史

Raspberry Pi 最早是用 Atmel ATmega644 microcontroller 微控制器，它的原理圖和 PCB 硬體布局是公開的。

Raspberry Pi 基金會委託 Eben Upton 廣邀教師、學者和電腦愛好者，一同設計出一台用來啟發孩子學習且容易攜帶的電腦。受到 Acorn's BBC Micro 所出產的一批新微型電腦的啟發(這個新微型電腦是使用 ARM 的晶片，外觀看起來像是 USB 記憶棒，兩個端口分別是 USB 與 HDMI)研發出微型單板電腦。

該基金會提供兩個版本，推出時售價分別為 25 美元和 35 美元。2012 年 2 月 29 日起銷售較高售價的 Model B，於隔一年 2 月 4 日銷售較低價的 Model A；而在 2019 年 6 月推出 Raspberry Pi 4 和 2020 年 5 月推出 Raspberry Pi 4 記憶體為 8G 的版本。

1.3 樹梅派可以用在什麼地方？

◉ Raspberry Pi 是一台電腦

可以安裝 Linux 的作業系統，目前有多個 Linux 版本都可以安裝到 Raspberry Pi 上面，本書第 2 章會有詳細介紹。

◉ Raspberry Pi 可以是移動終端設備

現在的 Raspberry Pi 已經可以安裝 Android 早期的版本。

◉ Raspberry Pi 可做自動化控制

本書會教導如何使用 Python 或 Shell 指令，來控制 Raspberry Pi 上面的接腳，這樣與感應器和周邊設備連結時，就是一台自動化控制的主機，本書第 9 章會有詳細介紹。

1.4　樹梅派應用實例

很多人了解它的潛力，並且藉由它的威力開發了多樣且非常有趣的事物。它是物聯網和穿戴設備最佳的實踐硬體和方法，以下是非常有趣的應用。

◉ 氣象氣球

戴夫·阿克曼與朋友將 Raspberry Pi 連接到一個氣象氣球上，並升到地球上空近 40 公里漂浮著，定時使用 Raspberry Pi 的攝影鏡頭拍照，以觀察氣象和空照（相關資料可以參考 www.daveakerman.com）。

圖 1-2　Raspberry Pi 氣象氣球

◉ 超級計算機

南安普敦大學的西蒙‧考克斯教授（Professor Simon Cox, University of Southampton）與其團隊，在實驗室中透過 64 個 Raspberry Pi，建立一個超級計算機，作法是透過樂高積木，把所有的 Raspberry Pi 堆疊在一起，並且透過分散式計算的軟體及 64 個 Raspberry Pi 一起解決一個單一的問題。這樣的功能以往需要依賴一台上百美元的超級計算機，但用這樣的專案就能夠降低成本，而 Raspberry Pi 的超級計算機，能為學校及學生提供大型計算更便宜的方案。

圖 1-3 Raspberry Pi 超級計算機

⊙ 無人駕駛和環境測量船隻

Raspberry Pi 也被用在探索世界的專業
用途。FishPi 專案（www.fishpi.org）
旨在創建一個可以導航橫跨大西洋的
無人駕駛和環境測量的船隻，並透過衛
星通信基地來傳遞資料。

圖 1-4 FishPi 專案

⊙ EyesPi 拍攝動物棲息

倫敦動物園使用 Raspberry Pi 的設備檢
測和拍攝動物的自然棲息，其稱為
EyesPi。

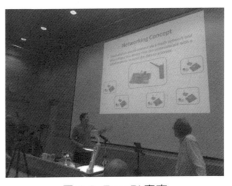

圖 1-5 EyesPi 專案

◎ 延伸學習

1. CPU 處理器的規格書

   主要 CPU 處理器的規格書 Broadcom BCM2835 datasheet 可以在此拿到詳細的官方資料：

   http://www.raspberrypi.org/wp-content/uploads/2012/02/BCM2835-ARM-Peripherals.pdf

2. Raspberry Pi 的公開原始程式碼

   包括 kernel、driver、rootfs 全部開放原始程式碼，可以在此下載：

   https://github.com/raspberrypi

1.5　Raspberry Pi Model B（樹莓派模組 B）

2012 年 4 月 Raspberry Pi 是英國 Raspberry Pi 的基金會，為了推廣電腦課程，方便老師、學生攜帶和學習，而特別開發出只有一個信用卡大小的迷你電腦，開創樹梅派的歷史。

Raspberry Pi 透過授權的方式，請 Newark element14 公司、RS Components 公司和 Egoman 公司，請他們實際生產和銷售 Arduino 硬體。

Egoman 產生的版本僅分布在中國和臺灣，這可以從硬體上面有沒有 FCC / CE 標記加以區別。而該版本的硬體和其他版本是完全相同的。

Raspberry Pi 有一個晶片是用 Broadcom BCM2835 系統（SoC），其規格為：

* CPU：用 ARM1176JZF-S 700 MHz 處理器。

* GPU 圖形晶片：用 VideoCore IV GPU。

* 記憶體：當初用 256 MB 的 RAM，後來升級至 512 MB。

* 硬碟：沒用內置的硬碟或固態硬碟，而使用 SD 卡。

Raspberry Pi 的基金會提供了 Linux 作業系統的 Debian，以及 Arch Linux 的 ARM 版本讓使用者使用和下載。

圖 1-6 樹梅派模組 B 的外型

下圖介紹 Raspberry Pi 的硬體，功能分別為：

1. SD 卡
2. HDMI 輸出顯示
3. RCA 輸出顯示
4. USB 槽
5. 網路線連接
6. Mini USB 的電源
7. 聲音輸出
8. GPIO 輸入輸出接腳

9. LCD 顯示面板接頭
10. CPU 和 GPU
11. 網路控制 IC
12. Camera 照相機接頭 CSI
13. Reg 1.8V
14. Reg 3.3V
15. JTAG

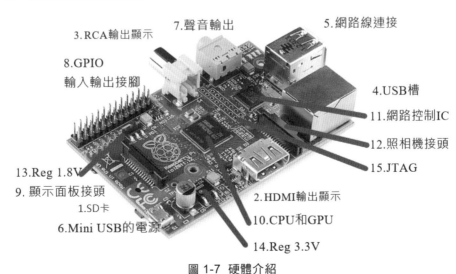

圖 1-7 硬體介紹

由左到右是 HDMI 連接線、HDMI 到 DVI 線、RCA 影像接線。

圖 1-8　接線的線材外型

讀者可以透過以下的表格，了解 Raspberry Pi Model 的硬體規格。

表 1-1　Raspberry Pi 的硬體

名稱	敘述
開發者	Raspberry Pi Foundation
樣式	單一板子的電腦
上市時間	2012 年 2 月 29 日
Introductory price	美金$ 25 元 (model A) 和美金$ 35 元 (model B)
作業系統	Linux (Raspbian、Debian GNU/Linux、Fedora、Arch Linux ARM) RISC OS、FreeBSD、NetBSD、Plan 9
使用電力	2.5 W (model A)和 3.5 W (model B)
CPU 處理器	ARM1176JZF-S (armv6k) 700 MHz
儲存空間	SD 或者 SDHC 卡
Memory	256 MByte (Model A) 512 MByte (Model B rev 2) 256 MByte (Model B rev 1) 1GB (Raspberry Pi 2)
繪圖卡	Broadcom VideoCore IV
官方網站	www.raspberrypi.org

在 Raspberry Pi Model B 硬體板子的右上角有幾個 LED 燈，如圖 1-9 所示，它的功能分別是：

- ACT：當 SD 插進去的時候會亮。

- PWR：當 3.3V 電源打開時會亮。

- FDX：當網路 adpter 是全工的時候（Full Duplex Connection）會亮。

- LNK：當網路連結上的時候會亮。

- 100：如果網路速度是 100Mbps 時會亮。

圖 1-9　硬體 LED 燈的介紹

1.6　Raspberry Pi Model A、A+ （樹莓派 Model A 和 Model A+）

2013 年 2 月 Raspberry Pi 基金會推出新版本的 Model A 電腦，並在隔一年 11 月推出樹莓派 **Model A+**。

M odel A+與 Model A 一樣都是使用時脈為 700MHz 的 BCM2835 應用處理器，由 Model A 256MB 提高到 512 MB 記憶體，但它的長度只有 65mm，小於 Model A 的 86mm，同時也消耗更少的電力。它相容於 HAT（Hardware Attached on Top）擴充卡標準，具備 40pin 的輸出／輸入（GPIO）接腳，內建 micro SD 插槽，而且整合了更好的音樂晶片，重量只有 23 公克。

圖 1-10　樹梅派模組 A+ 的外型

Model A+於英國製造，將可透過英國的 Farnell 與美國的 MCM 等通路購買，外界認為該版本非常適合低耗電的運算應用。

1.7 Raspberry Pi Model B+（樹莓派模組 B+）

2014 年 6 月，樹莓派基金會發表一款新的改良版樹莓派名為「Raspberry Pi Model B+（樹莓派模組 B+）」。

圖 1-11　樹梅派模組 B+ 的外型

這個版本的功能如下：

- 更低功和省電。

- 改善的電源管理系統。

- 將輸入輸出的 GPIO 接腳從原本的 26 個提高到 40 個。

- USB Ports 接頭從原本的兩個 USB Host，提升到 4 個。

- 把原本的 RCA 螢幕接頭改成 4 針的連接頭。

- SD 換成到 MicroSD。

1.8 Raspberry Pi Compute Module（樹莓派電腦模組）

樹莓派已經成為一個新勢力，並有成千上萬的專業產品都在使用，但仍有些地方並不是那麼符合工業產品的專業產品市場。為了解決這些問題，樹莓派基金會在 2014 年 4 月，發布了一個新的模組 Raspberry Pi Compute Module 樹莓派電腦模組（現在已經可以在市面上購買）。

圖 1-12 樹莓派模組 B 和 Compute Module 電腦模組

新的版本外觀看起來像是一個記憶體模組 SODIMM 形狀的大小，提供了完整的樹莓派功能，並且尺寸只有原來樹莓派的四分之一。為何要重新設計？主要目的是 SODIMM 是一種廉價也可以抽換的設計，並且透過模組的設計，可以把 IO 的介面獨立出來，並且可以針對不同的情況使用不同的模組。

樹莓派 Compute Module 電腦模組功能如下：

- SODIMM 記憶體插槽的設計，長為 6.5cm、寬為 3cm 的樹莓派板子，使用的是 BCM2835 晶片，內含 512MB RAM。

- 板子上有 4GB eMMC Flash memory 快閃式記憶體，用來儲存開機時的作業系統。

- 提供 200 個接腳，用來連接 BCM2835 的所有功能。

- 使用的是家庭應用之 FCC 的 B 類認證。

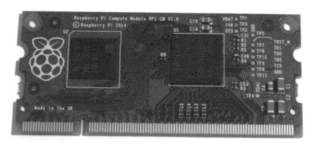

圖 1-13 SODIMM 造型的樹莓派 Compute Module 電腦模組

樹莓派 IO Board 輸入輸出板子功能如下：

- 2 排 60 個接腳，其中可以程式化控制的接腳由 GPIO1 到 GPIO45

- 2 個 micro USB type B

- 1 個 USB type A

- 2 個 CSI 接口給攝影機

- 2 個 DSI 接口給顯示面板

- 1 個 HDMI 接口

- 1 個 Micro USB 的電源接頭

圖 1-14 樹莓派 IO Board 輸入輸出板子

兩者連接起來後的樣子，如下圖所示。

圖 1-15 樹莓派電腦模組外觀

1.9 Raspberry Pi 2 Model B（樹莓派 2 模組 B）

2015 年 2 月 2 日新的 Raspberry Pi 2 Model B 再釋出，連續 2 個月占據美國亞馬遜網站的電腦類產品銷售第一名，新版的樹莓派 2 使用 BCM2836 處理器 quad core ARMv7，速度是 900MHz，推出時售價 35 美元。

硬體為：

- 處理器 Broadcom BCM2836 ARMv7 Quad Core Processor900MHz

- 記憶體 1GB RAM

- GPIO 的接腳延續前一版的排法

- 提供 HAT（Hardware Attached on Top 硬件安裝在頂部），讓所以外加的硬體，都可以安裝在板子的正上方

- GPIO 接腳，由第一代的 26 個接腳，擴充為 40 個接腳

- 網路 10/100 Ethernet Port

圖 1-16　樹莓派 2 外觀

因為 Raspberry Pi 2 與 Raspberry Pi 1 最大的改變是換了 SoC，由 BCM2835 改成 BCM2836，因此舊版本的 firmware 和 kernel 將無法適用，必須更新到最新版本，本書所有的內容是針對 Raspberry Pi 2、3、4 的 ARMv7 撰寫，但好消息是很多 Linux 為基礎的程式，都可以同樣相容在這兩個板子。

而 Raspberry Pi 2 與 Raspberry Pi 1 的硬體差異為何？請看表 1-2，新版本的速度提高了 6 倍，較前一版能有更好的反應和處理效能。

表 1-2　樹莓派 1 和樹莓派 2 的硬體差異表

	樹莓派 1 Model B+	樹莓派 2
處理器	Broadcom BCM2835 ARMv6	Broadcom BCM2836 ARMv7 四核心
處理器速度	700 MHz	四核心每個 900 MHz
GPU	Videocore IV	Videocore IV
記憶體	512 MB SDRAM @ 400 MHz	1GB SDRAM @ 450 MHz
容量	microSD	microSD
USB	USB 2.0，4 個接口	USB 2.0，4 個接口
電源	1.8A 5V	1.8A 5V
GPIO	40 Pin	40 Pin
大小	85×56×17 mm	85×56×17 mm
重量	42 克	42 克

◉ 新的 SoC BCM2836

- 900MHz quad-core ARM Cortex-A7 CPU，大約有 6 倍的效能提升。

- 記憶體容量加大到 1GB LPDDR2 SDRAM。

- 捨棄 PoP（package-on-package），將處理器和記憶體分別焊在板子的正反兩面。

- 因為採用 quad-core ARMv7 的處理器，所以會有較高的功耗（比較耗電）。

◉ OS 的差異

因為採用了 ARMv7 的處理器，因此可執行更多的 ARM GNU/Linux 版本，例如過去採用 ARMv6 指令集而無法執行 Ubuntu。現在也可以在 Raspberry Pi 2 上跑 Snappy Ubuntu Core，甚至可支援 Microsoft Windows 10，並且是免費提供，本書會有章節詳細介紹該功能。因為使用 ARMv7 的處理器，所以 Raspberry Pi 2 對 Android 作業系統的相容性就好很多。

◉ 相同的部分

- 和 Model B+ 一樣的外型與尺寸，所以保護外殼可以持續使用。

- Camera 的接線、LCE Display 的接線和 GPIO 40-pin 位置相同。

- PCB 板固定螺絲開孔處相同。

- USB、Ethernet、A/V、HDMI、micro SD 和 microUSB 位置相同，尺寸也相同。

樹莓派，以輕巧的大小和便宜的價格掀起一陣旋風，也有各式各樣第三方製作的外殼，但是官方一直沒有推出官方外殼。直到現在，Model A 推出兩年之後，在 2015 年 6 月官方呼應需求，推出官方版的外殼，並且秉持著樹莓派親民的價格，官方外殼只要 7 歐元（目前官方樹莓派已經開放購買）。

圖 1-17　官方版的外殼

1.10　Raspberry Pi Zero

2015 年 11 月 25 日美國的感恩節，Raspberry Pi 為 Maker 投下了一顆震撼彈，只要 5 元美金的 RPi Model Zero 板子，體積大小是有史以來最小的尺寸──65mmx30mmx 5mm，並且完全與現有樹莓派的作業系統和軟體相容，就能使用相同 Raspberry Pi Model A、B、B+ 的 BCM2835 處理晶片。

圖 1-18　RPi Model Zero

RPi Model Zero 的功能，如下：

- Broadcom BCM2835 應用處理器。

- 1GHz 的 ARM11 處理器 SoC（比樹莓派 1 快 40％）。

- LPDDR2 512MB 內存。

- 1 個 micro-SD 卡插槽。

- 1 個微型 HDMI 接口，用於 1080p60 的視頻輸出。

- 1 個微型 USB 接口的電源輸入。

- 1 個微型 USB，並擁有 On-the-Go（OTG）的功能。

- 相容於樹莓派 B+ 的 40Pin 接腳 GPIO。

因此就算少了網路、聲音輸出、觸控螢幕和攝影機的接口，仍然可以透過 USB
來外接，同樣可以達到目的。

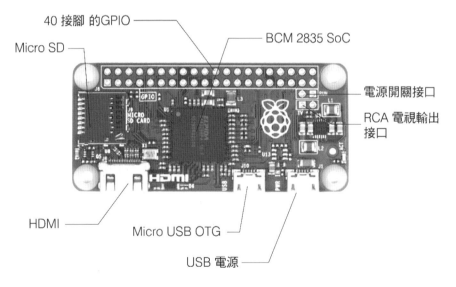

圖 1-19　RPi Model Zero 接腳功能

1.11 Raspberry Pi 3 Model B（樹莓派 3 模組 B）

2016 年 2 月推出 Raspberry Pi 3 Model B，2018 年 3 月推出 Raspberry Pi 3 Model B+。

硬體如下：

- 四核心處理器 Broadcom BCM2837 和 BCM2837B0

- 記憶體 1GB RAM

- 40 個 GPIO 的接腳

- 網路 10/100 Ethernet Port

圖 1-20 樹莓派 3 的外型

1.12 Raspberry Pi 4 Model B（樹莓派 4 模組 B）

2019 年 6 月推出Raspberry Pi 4 Model B，2020 年 5 月推出Raspberry Pi 4 記憶體 8G 版，

硬體如下：

- 使用 Broadcom 2711 四核心晶片（原本為 BCM2837B0）Quad-core Cortex-A72 64-bit SoC，單核心時脈可達 1.5GHz，有三倍速快。

- 記憶體（LPDDR4 SDRAM）可選擇，分別是 1GB、2GB、4GB 和 8GB 四 個版本。

- 乙太網路（Ethernet）達 True Gigabit Ethernet。

- 支援藍牙 5.0（Bluetooth 5.0）。

- 兩個 USB 3.0 和兩個 USB 2.0。

- 支援雙銀幕輸出，解析度可達 4K。

- 使用 VideoCore VI，可支援 OpenGL ES 3.x。

- 可硬體解 4Kp60 HEVC 影片。

圖 1-21 樹莓派 4 的外型

樹梅派 4 硬體接頭有：

1. Micro SD。

2. 電源接頭：POWER_CU-500x333 電源接頭從 USB micro-B 改成使用 USB-C，使用 5V/3A 以上電源供應器才能穩定使用。

3. 視訊接頭：HDMI_CU-500x333 視訊接頭從 type-A（full-size）HDMI 接頭改為兩個 type-D（micro）HDMI 接頭。

4. 聲音輸出和 RCA 影像輸出。

5. USB 2.0 接頭。

6. USB 3.0 接頭：使用 VL805 控制，因此可使用全速的 USB3.0。

7. 乙太網路：乙太網路使用 BCM54213PE 控制，可支援 Full-throughput Gigabit 速度。

8. 40 個接角的 GPIO。

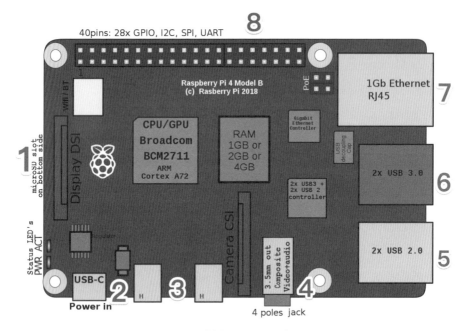

圖 1-22　樹梅派 4 的硬體接頭

1.13　Raspberry Pi 400

在 2020 年 11 月 3 日發表新的硬體 Raspberry Pi 400，外型看起來就像是一個鍵盤，而樹莓派隱藏到便攜式鍵盤中，主要目的就是讓大家都能夠擁有一台電腦。

Raspberry Pi 400 具有四核 64 位處理器、4GB RAM、無線網絡、雙顯示輸出和 4K 視頻播放以及 40 針 GPIO 接頭，是一款功能強大，容易使用的計算機。

圖 1-23　樹梅派 400

1.14　Raspberry Pi 的 DSI Display 液晶螢幕接口

在靠近 micro USB 的電源接頭上面，有一個 DSI 的接口，Display Serial Interface（DSI）是一個低階的 LCDs 介面，是 Raspberry Pi 用來顯示用的，上面有 15 個接腳，設計給可彎曲的平面連接線使用，並提供二個資料線和一個計時器 clock 和 3.3V 的電力與接地 GND。

Raspberry Pi 的 DSI Display 主要目的是連接到 LCD 的顯示螢幕上，它的外觀如圖 1-24 所示。

圖 1-24　DSI Display 的接口

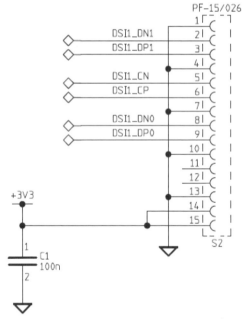

圖 1-25　DSI Display 的接口設計[註1]

註 1：　圖片來源：*http://www.designspark.com/knowledge-item/r-pi-ffc-connectors*，由 Kelvin T 所寫的文章

1.15 Raspberry Pi 的 MIPI Camera Serial Interface 2（CSI-2）

靠近網路線接頭和 HDMI 接頭，有一個 MIPI Camera Serial Interface 2（CSI-2）接口，是專門給攝影機所用的接頭，上面有 15 個接腳，給可彎曲的平面連接線使用，並提供二個資料線和一個計時器 clock 和 3.3V 的電力與接地 GND，和用 I2C 的 bidirectional 控制介面。

Raspberry Pi 的 MIPI Camera Serial Interface 2 主要目的是連接到攝影機的鏡頭，外觀如 1-26 圖所示。

圖 1-26 MIPI Camera Serial Interface 2（CSI-2）的接口設計

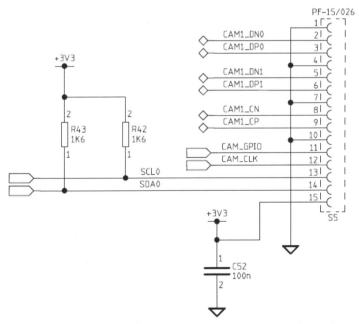

圖 1-27 MIPI Camera Serial Interface 2 (CSI-2) 接口設計（圖片來源同註 1）

CSI 的資料傳輸介面是單向的，在資料和計時器的訊號不同於串接的介面（serial interface），在物理層面，這個介面是 MIPI 聯盟的 D-PHY 標準。

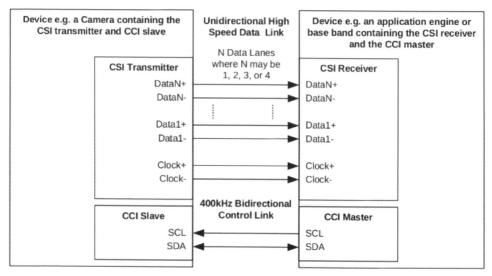

圖 1-28　CSI-2 和 CCI 傳輸和接收的介面（圖片來源同註 1）

圖 1-28 是用來表示 CSI-2 連接器在接收和發送的介面，其中標準的攝影機模組，也適用於智慧型手機上的照相機，透過 I2C 的標準來控制雙向的使用者介面。以筆者的經驗，如果無法買到現成的 CSI-2 介面的攝影機，也可以用 USB 接頭的攝影機，只要 Linux 有驅動程式，就可以在 Raspberry Pi 上使用。

1.16 ▌ Raspberry Pi 的 26 個接腳 GPIO

Raspberry Pi 的板子上有一組 26 個接腳的 GPIO，也就是輸入和輸出的接腳。接下來，將說明如何使用，並進一步用它來控制其他的周邊設備。

GPIO 的全名是 General-purpose IO，就是做資料的輸入和輸出使用，控制整個 GPIO，不只 Python，使用組合語言或 C 語言等其他的程式語言也可以做到。本書會選擇使用 Python 來達到目的，除了官網的推薦使用外，另一個原因是因為網路上搜尋到的大部分 Raspberry Pi 板子硬體相關的程式語言，也大多都是用 Python 的緣故。

圖 1-29 Raspberry Pi GPIO 硬體接腳的位置

圖 1-30 中可以看到這 26 個接腳的功能：

- 電源在接腳 1、2、4、17（請注意電力分別是 3.3V 和 5V）

- 接地 Ground 在接腳 6、9、14、20、25

- 一個 I2C：在 SDA 接腳 3 和 SCL 接腳 5

- 一組 UART：在 TxD 輸出接腳 8 和 RxD 輸入接腳 10

- 一組 SPI 數據通信：SPI 的全名是 Serial Peripheral Interface

  - MISO（Master In Slave Out）的接腳 21

  - MOSI（Master Out Slave In）的接腳 19

  - SCKL（Serial Clock 序列時鐘）的接腳 23

  - SS（Slave Select）這裡沒有

- GPIO

3.3V	1	2	5V
(SDA) *GPIO2	3	4	5V
(SCL) *GPIO3	5	6	GROUND
GPIO4	7	8	GPIO14 (TxD)
GROUND	9	10	GPIO15 (RxD)
GPIO17	11	12	GPIO18
*GPIO27	13	14	GROUND
GPIO22	15	16	GPIO23
3.3V	17	18	GPIO24
(MOSI) GPIO10	19	20	GROUND
(MISO) GPIO9	21	22	GPIO25
(SCKL) GPIO11	23	24	GPIO8 (CE0)
GROUND	25	26	GPIO7 (CE1)

GPIO2 的接腳 3（共用）	
GPIO3 的接腳 5	
GPIO4 的接腳 7	GPIO14 的接腳 8
	GPIO15 的接腳 10
GPIO17 的接腳 11	GPIO18 的接腳 12
GPIO27 的接腳 13	
GPIO22 的接腳 15	GPIO23 的接腳 16
	GPIO24 的接腳 18
GPIO10 的接腳 19	
GPIO9 的接腳 21	GPIO25 的接腳 22
GPIO11 的接腳 23	GPIO8 的接腳 24
	GPIO7 的接腳 26

圖 1-30 Raspberry Pi GPIO 的 26 個接腳功能示意圖（上）及其對應說明（下）

圖 1-31 是根據 Raspberry GPIO 接口排列，表格中的 1 就是板子上面 P1 的意思，請把這個表格做個重點的記錄，稍後提到開發硬體的部分，會需要使用此表格來對應硬體周邊的接線。

圖 1-31　P1 就是 Pin 1 接口的意思，提供 3.3V 的電力

在 Raspberry Pi 板子上，除了 GPIO 之外還有其他的接腳可以使用，例如：觸控螢幕專用的 CSI Display Connector 連接線、攝影機專用的 CSI Camera Connector 等，每個都有其獨特的用處，待後面的章節提及時，再一併介紹該硬體接頭的用法。

補充資料

- *http://www.raspberrypi-spy.co.uk/2012/06/simple-guide-to-the-rpi-gpio-header-and-pins/*

- *http://yehnan.blogspot.tw/2012/07/raspberry-pigpioled.html*

- *http://pi4j.com/usage.html#Pin_Numbering*

1.17　Raspberry Pi 2、3、4 的 GPIO 40 個接腳

Raspberry Pi 2、3、4 板子上面，有 40 個接口的 GPIO 和其他的接腳可以使用：

● GPIO

在 Raspberry Pi 2、3、4 的板子上面，有一組 40 個接腳的 GPIO，也就是輸入和輸出的接腳，比 Raspberry Pi 有更多的接腳。仔細觀察一下，前面的 26 個接腳全部一模一樣，增加的是由 27 到 40 的接腳。設定的目的是為了讓以前的樹莓派 GPIO 程式，可以在不修改的情況下，都可以順利的在樹莓派 2、3、4 上面執行。

圖 1-32 Raspberry Pi 4 的 40 個 GPIO 硬體接腳的位置

 注意　圖片中接腳的編號順序由下上左右的方式編號，左下 1、左上是 2，依序到右下是 39、右上是 40。

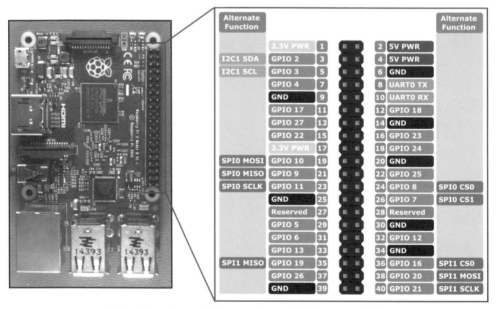

圖 1-33 Raspberry Pi 4 的 40 個 GPIO 硬體接腳的功能

撰寫程式的時候，因為有分 BCM 和 WiringPi 的 GPIO 接腳號碼，所以用下面的表格方便日後查閱。

表 1-3 GPIO 40 接腳功能表

GPIO 編號	名稱	GPIO 左邊接腳	GPIO 右邊接腳	名稱	WiringPi Pin
3.3V	3.3V	1	2	5V	5V
GPIO2	I2C1 SDA	3	4	5V	5V
GPIO3	I2C1 SCL	5	6	GND	GND 接地
GPIO34	GPIO7	7	8	GPIO15 TX0	GPIO14
GND 接地	GND	9	10	GPIO16 RX0	GPIO15
GPIO17	SPI1 CS0 CPIO0	11	12	GPIO1	GPIO18
GPIO27	GPIO2	13	14	GND	GND 接地
GPIO22	GPIO3	15	16	GPIO3	GPIO23
	3.3V	17	18	GPIO5	GPIO24
GPIO10	SPI0 MOSI	19	20	GND	GND 接地
GPIO09	SPI0 MISO	21	22	GPIO6 CE0	GPIO25
GPIO11	SPI0 SCLK	23	24	GPIO10 CE0	GPIO8
GND 接地	GND	25	26	CE1	GPIO7
DNC	GPIO5 SDA0	27	28	GPIO31 SCL0	DNC
GPIO5	GPIO21	29	30	GND	GND 接地
GPIO6	GPIO22	31	32	GPIO9	GPIO12
GPIO13	GPIO23	33	34	GND	GND 接地
GPIO19	SPI1 MISO GPIO24	35	36	GPIO27	GPIO16
GPIO26	GPIO25	37	38	SPI1 MOSI GPIO28	GPIO20
GND 接地	GND	39	40	SPI1 SCLK GPIO29	GPIO21

在示意圖中，Raspberry Pi GPIO 的 40 個接腳的功能為：

- 電源在接腳 1、2、4、17（請注意一下電力分別是有 3.3V 和 5V）

- 接地 Ground 接腳 6、9、14、20、25、30、34、39

- 一個 I2C：在 SDA 接腳 3 和 SCL 接腳 5

- 一組 UART：在 TX0 接腳 8 和 RX0 接腳 10

- 一組 DNC：在接腳 27、28

- 一組 SPI 數據通信：SPI 的全名是 Serial Peripheral Interface

  - MISO（Master In Slave Out）的接腳 21

  - MOSI（Master Out Slave In）的接腳 19

  - SCKL（Serial Clock 序列時鐘）的接腳 23

準備作業系統和 開機 SD 卡

本章重點

請拿出 Raspberry Pi 作準備，我們需要進行前置作業來啟動 Raspberry Pi 4 了（本書內容使用 Raspberry Pi 4 model B（8G）版本來撰寫），本書所建立的作業系統，除了樹莓派 1 之外，可以完全相容到樹莓派 2、3、4 的其他版本。

依照筆者的教學經驗，很多人會卡在這一章，所以還請留心閱讀細節，如果碰到相關的問題，可以到討論區向大家詢問，像是筆者在臉書有一個「台灣樹莓派社群」，網址為 https://www.facebook.com/groups/raspberrypi.taiwan，避免錯誤最保險的方法是，可以在網路上購買附有 SD 卡作業系統的 Micro SD 卡套件的 Raspberry。

2.1　樹莓派的作業系統

Raspberry Pi 目前有多個作業系統，並且陸續增加中，大多數的版本可以到官方網站（*http://www.raspberrypi.org/downloads/*）下載使用。

圖 2-1　樹莓派官方下載網站

2.1.1　Raspberry Pi OS（舊稱為 Raspbian）

這是目前 Raspberry Pi 家族最多人使用的作業系統，以前稱為 Raspbian 作業系統，本書以此版本來做介紹。

圖 2-2 Raspberry Pi OS 執行的畫面

2.1.2 NOOBS

自動安裝作業系統，它的功能是「安裝其他作業系統」，即當第一次啟動這個系統時，會顯示其他的作業系統，讀者選擇後，會透過網路自動下載和安裝讀者選擇的作業系統。

圖 2-3 NOOBS 執行的畫面

2.1.3　Ubuntu

在 PC 上鼎鼎大名的 ubuntu 也推出樹莓派的版本，現在可以在樹莓派官網取得，目前有三個版本，分別是：

1. Ubuntu MATE：使用較非高速 CPU 的 GNOME2 桌面系統。

2. Ubuntu Core：單純只有文字模式核心的部分，沒有桌面系統，容量也最小。

3. Ubuntu Sever：已經安裝 Server 伺服器架構的作業系統版本，純文字系統沒有桌面環境。

圖 2-4　Ubuntu MATE 執行的畫面

2.1.4　RetroPie

RetroPie 是讓 Raspberry Pi 可以針對經典的遊樂器主機，所設計出的模擬器作業系統。詳細的資料和下載可以到官方網站 *https://retropie.org.uk/*。

圖 2-5　RetroPie 執行的畫面

2.1.5　Windows 10 IoT Core

微軟的 Windows 10 IoT 物聯網的版本，可以在 Raspberry Pi 2 上執行，詳細內容可以參考筆者的著作《Windows 10 IOT 物聯網入門與實戰：使用 Raspberry Pi》（碁峯資訊出版）。新版本的 Windows 10 IoT Core 可以在 Raspberry Pi 3 執行，詳細的資料可以參考微軟的官方網站 *https://dev.windows.com/en-US/iot*。

圖 2-6　Windows 10 IoT Core 執行的畫面

2.1.6　OSMC 和 LibreELEC

OSMC 和 LibreELEC 同樣都是多媒體的作業系統，可以讓 Raspberry Pi 安裝設定後，連接到電視機成為一個超棒的作業系統。OSMC 在 2015 年 2 月 2 日針對 Raspberry Pi 成為電視上的作業系統，推出修改後的電視多媒體的作業系統版本，它支援許多的多媒體影音格式和網站，在整個架設完畢後，會讓 Raspberry Pi 就像智慧型電視或機上盒一樣。

很多人會擔心 Raspberry Pi 的 CPU 在執行上那麼差，如果在高畫質影音軟體上執行會不會有問題，別擔心，因為 Raspberry Pi 家族都有 SOc 硬體解碼的功能。

圖 2-7　OSMC 推出針對 Raspberry Pi 的作業系統版本

2.1.7　Mozilla Webthings

Mozilla Webthings 是 Mozilla 針對 Raspberry Pi 推出的智慧家庭設備的作業系統，可以透過網頁的介面，來監視和控制所有智能家居設備。

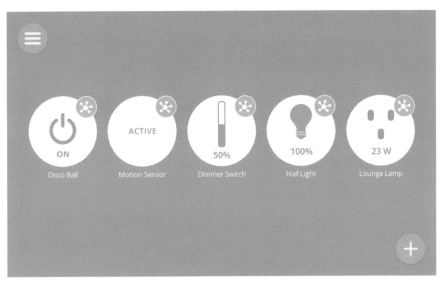

圖 2-8　Raspbian 執行的畫面

2.1.8　Arch Linux for Raspberry Pi

Arch Linux 也是 Raspberry Pi 家族的作業系統，可以在官方網站下載 img 檔，並了解更多的功能：*http://archlinuxarm.org/platforms/armv6/raspberry-pi*。

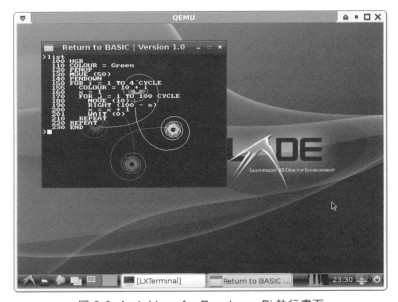

圖 2-9　Arch Linux for Raspberry Pi 執行畫面

2.1.9　Pidora for Raspberry Pi

Pidora for Raspberry Pi 是另外一種風格的 Raspberry Pi 作業系統，可以在官方網站上下載 img 檔和取得更多詳細的資料：*http://pidora.ca/*。

圖 2-10　Pidora for Raspberry Pi 執行畫面

2.1.10　Risc OS

Risc OS 是功能豐富的 Raspberry Pi 作業系統，可以在樹莓派官方網站下載。

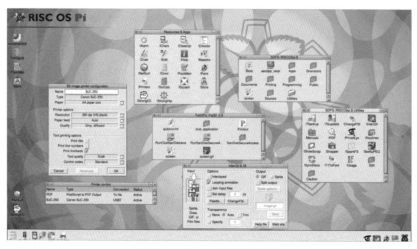

圖 2-11　Risc OS 執行畫面

2.1.11　Android 5.1 for Raspberry Pi，RaspAnd

Raspberry Pi 因為使用 ARM 6 的關係，在目前公布的 Android 版本中，經由網友們修改過後的 Android 2.2 版，可以順利地在 Raspberry Pi 上執行，但是就執行速度和效能上，可能還需要再進一步的改進。相關檔案可以在 *http://rosefire.us/~razdroid/aaa801/Gingerbread+EthernetManager.7z* 下載 image 檔。

而 Raspberry Pi 2、3、4 是使用 ARM 7 的架構，所以在支援 Android 上就改良許多，目前正式版本為 Android 5.1。

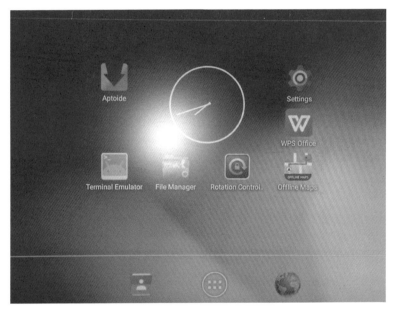

圖 2-12　Android 5.1 版本在 Raspberry Pi 上執行的畫面

2.1.12　OpenElec

Open Embedded Linux Entertainment Center（OpenELEC）是一個小的 XBMC 媒體作業系統，外觀看起來就像另外一個作業系統 XBMC，可以在樹莓派官網取得。

圖 2-13　OpenElec 在 Raspberry Pi 上執行的畫面

2.1.13　Weather Station

Weather 這是專門設計給天氣監測系統的作業系統。詳細的資料可以參考官網 *https://www.raspberrypi.org/learning/weather-station-guide/*，而樹莓派的 image 版本，可以在樹莓派官網下載，這系統需要特別的監測硬體，如下圖所示。

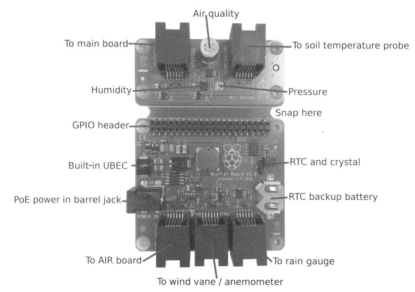

圖 2-14　Weather Station 的硬體

圖 2-15　Weather Statio 執行畫面

2.2　下載 Raspberry Pi OS 作業系統

Raspberry Pi 有不同的作業系統可以選擇，本書筆者會介紹最廣為大眾喜愛的 Raspberry Pi OS（舊稱 Raspbian），並且介紹如何安裝。

Raspberry Pi 可以執行多種作業系統，所以可以在本節練習完畢之後，再下載安裝其他作業系統的 img，整個安裝的動作和流程都相同，也可以下載 NOOBS 這個安裝作業系統的工具，然後再讓它下載其他作業系統，而 NOOBS 的下載和安裝方法一樣。

STEP 1 請在 *http://www.raspberrypi.org/downloads* 下載，官方推薦 Raspberry Pi OS 這個作業系統，本書的作業系統都是使用此版本。官方網站都會定時釋出新版本，有空不妨到官網的下載區瞧瞧。

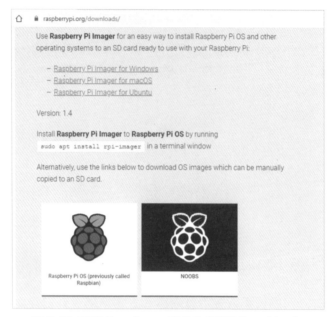

圖 2-16 下載 Raspberry Pi OS（舊稱 Raspbian）

STEP 2 點選「Raspberry Pi OS (32-bit) with desktop and recommended software」下載到映像檔，如下圖所示。

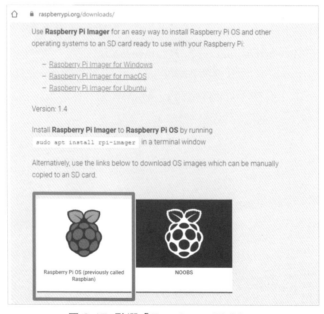

圖 2-17 點選「Raspberry Pi OS」

📽 教學影片

請見 *2-2-raspberry2_01_download_raspbian.mp4* 影片檔。

2.3 映像檔解壓縮

下載成功後取得的是 zip 的壓縮檔案，如果是在 Windows 的作業系統上下載，可以透過右鍵選取「解開檔案 Extract all」，就會看到.img 檔案，.img 檔案就是映像檔，稍後會透過特殊的工具放到 SD 卡上。

📽 教學影片

請見 *2-3-unzip-image.mp4* 影片檔。

2.4 準備啟動 SD 卡

依照筆者的教學經驗，大家最常見的問題是 Raspberry Pi 不認得 SD 卡和 Micro SD 卡，這是因為 Raspberry Pi 對 SD 卡的品質要求非常嚴謹，所以常常會發生系統看不懂 SD 卡的情況。

最簡單的解決方法，請參考 *http://elinux.org/RPi_SD_cards*，裡面有很多人分享的一些資料和經驗，從中挑選已經確定可以使用和執行的 SD 卡，以節省時間；或者，有的商家都會附上一個已經有作業系統的 SD 卡，建議挑選這類的超值包，就可以避免因為 SD 卡的相容性而無法開機的情形。請留意，Raspberry Pi 是使用 Micro SD 卡，並且建議使用 16G 或以上的容量。

筆者使用的記憶卡如下：

Kingston 8GB Micro SD 10（SDC10）

ok	Kingston	SDHC	8	6	SD6/8GB	errors on boot, but ok (Debian), does not work with raspbmc rc2 or archlinux	Jamsta 5 Jun 2012
ok	Kingston	SDHC	8	10	SD10G2/8GB ultimateX 100X, SD10V/8GB ultimateX 120X		ShiftPlusOne 24 Apr 2012, Stevepdp 13 May 2012
ok	Kingston	SDHC	8	10	SD10G3/8GB Elite	Works with Raspbian Wheezy 25/05/2013	Deicide 17 July 2013
N/A	Kingston	SDHC	8	10	SD10V/8GB	Very slow writing images to card then either won't boot, or boots very slowly	Stevhorn 14 Aug 2012
ok	Kingston	SDHC	16	4	SD4/16GB		Skiesare 27 May 2012
N/A	Kingston	SDHC	16	4	SDC4/16GB17	Device does not recognize it	Martink 24 Jul 2012
ok	Kingston	SDHC	16	6	SD6/16GB		Malvineous 17 Jun 2012
ok	Kingston	SDHC	16	10	SD10G2/16GB ultimateX 100X, SD4/16GBET		Stevepdp 13 May 2012
N/A	Kingston	SDHC	16	10	SD10G2/16GB ultimateX 100X	mmc0: Timeout waiting for hardware interrupt	Kimmoli 27 Jan 2013
N/A	Kingston	SDHC	16	10	SD10V/16GB	Starts boot ok but then gets stuck in mmc0 timeouts	Hh 14 Nov 2012
N/A	Kingston	SDHC	16	10	SD10V/16GB (N0440-001. A00LF TAIWAN JM94513-908.A00LF)	mmc0 timeouts	Epa 20130304
ok	Kingston	SDHC	16	10	SD10V/16GB (N0372-002. A00LF TAIWAN JM94450-901.A00LF)	Seems to work	Epa 20130403
ok	Kingston	SDHC	16	10	SD10V/16GB		Franeks 14 Feb 2013
ok	Kingston	SDHC	32	10	SD10G2/32GB, ultimateX 100X, SD10V		Tony 29 May 2012, Pmvarsa 17 Jul 2012
ok	Kingston	SDHC	32	10	SD10V/32GB (N0415-002.A00LF TAIWAN JM94450-913.A00LF)	works	Epa 20130304
ok	Kingston	SDXC	64	10	SDX10V/64GB		Bromont 25 Nov 2012
ok	Kingston	SDXC	64	10	SD10G3/64GB UHS-I Elite		Pint 10 Jul 2013

圖 2-18　透過 *http://elinux.org/RPi_SD_cards* 來挑選合適的 SD 記憶卡

如果 SD 卡不在列表上，也可以把它放進 Raspberry Pi 2 板子中，連接 miniUSB 電源。如果板子上的 ACT 燈會亮，表示可以使用這張 SD 卡的機會很高。

圖 2-19　ACT 燈會亮，就表示 Raspberry Pi 正在讀取 SD 卡

板子上的 LED 提示效果如下：

名稱	功能
ACT（綠色）	SD 卡讀取，會有閃爍。
PWR（紅色）	3.3V 電源打開。

2.5　格式化 Micro SD 卡

2.5.1　Windows 作業系統

STEP 1 請至 *https://www.sdcard.org/downloads/formatter_4/eula_windows/* 下載最新版本的格式化工具。

STEP 2 開啟之後下載與執行。

STEP 3 點選「Option」，將「FORMAT SIZE ADJUSTMENT」選項設定為「ON」。

STEP 4 放入「Micro SD」卡。

STEP 5 選取「Format」格式化按鈕。

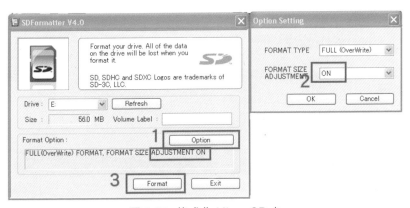

圖 2-20　格式化 Micro SD 卡

2.5.2　Mac 作業系統

STEP 1 請至 *https://www.sdcard.org/downloads/formatter_4/eula_mac/* 下載最新版本的格式化工具。

STEP 2 開啟之後下載與執行。

STEP 3 選取「Overwrite Format」。

STEP 4 放入「Micro SD」卡。

STEP 5 選取「Format」格式化按鈕。

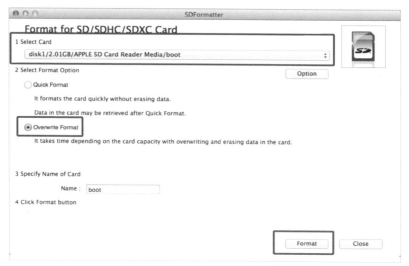

圖 2-21　Mac 格式化 Micro SD 卡

2.5.3　Linux 作業系統

1. 請直接使用 GParted Partition Editor 這個圖形化應用程式，來分割與格式化 SD 卡。

2. 請注意分割時使用 FAT 格式。

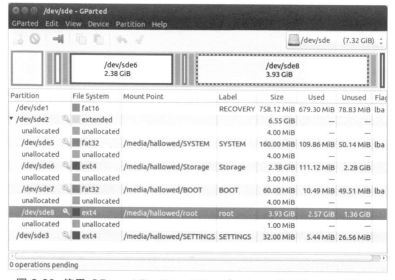

圖 2-22　使用 GParted Partition Editor 在 Linux 格式化 Micro SD 卡

─🎬 教學影片─────────────────────────────

SD 卡格式化軟體下載，以及格式化的完整教學影片，請見
2-5-raspberry2_fornatSD.mp4 影片檔。

───

2.6　下載 Win32DiskImager 軟體

接下來，要把映像檔 img 燒錄到 SD 卡上，請依照下面的步驟執行。

STEP 1 請至 *http://sourceforge.net/projects/win32diskimager/?source=dlp* 下載
Win32DiskImager 軟體。如果找不到，可以在 *https://launchpad.net* 搜尋
「win32-image-writer」，就可以找到。

圖 2-23　搜尋 win32-image-writer 就能找到 ImageWriter 軟體

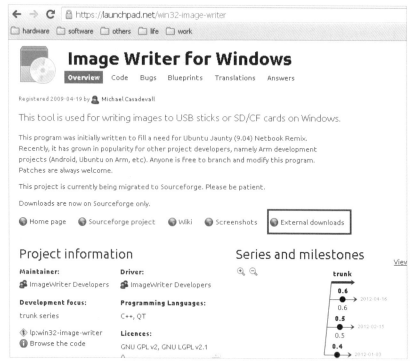

圖 2-24　點選「External downloads」就可以下載 Image Writer

STEP 2 透過滑鼠右鍵點選檔案的方式解開 .zip 檔案。

STEP 3 成功的話，就可以看到 Win32DiskImager 這個工具。

圖 2-25　Win32DiskImager 工具

🎬 **教學影片**

下載 Win32 Disk Imager 的完整教學影片，請見
2-6-win32DiskImage_download.mp4 影片檔。

2.7 在 PC 把資料寫入 Micro SD 卡

STEP 1 把 4GB 以上容量的 Micro SD 卡清空後，插入 Windows 的電腦，筆者是使用 16G。

STEP 2 在 Windows 的環境下把 Win32DiskImager 打開，並執行 Win32DiskImager.exe（如果是 Windows Vista、7 和 Windows 8，建議透過滑鼠右鍵，選取「Run as administrator」來執行這個程式），程式畫面如下，點選文件夾圖像指定.img 映像檔，選取「Device」指向 micro SD 卡的位置。

STEP 3 按下「Write」按鈕。

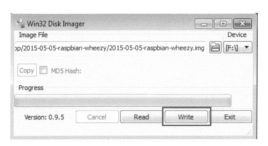

圖 2-26　執行 Win32DiskImager

STEP 4 如果 SD 卡內含資料，會出現是否要清除資料的視窗，選取「Yes」按鈕。

圖 2-27　按下「Write」按鈕後，會出現是否要刪除資料的視窗

STEP 5 接下來會看到由 0% 到 100% 的處理過程，完成後，便會出現 Complete 視窗，按下「OK」按鈕就可以。

圖 2-28　燒錄成功後，便會出現 Write Successful 的視窗

STEP 6 看一下 SD 卡的資料是否存在，確認後就可以把 SD 卡拿出來插在 Raspberry Pi 上。

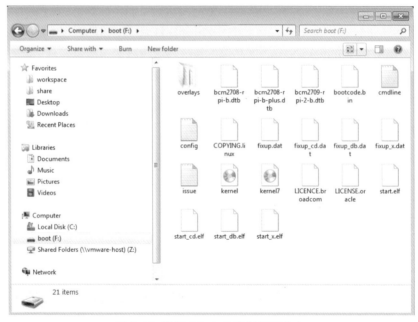

圖 2-29　檢視 SD 卡的資料是否存在

教學影片

如果在操作時碰到任何問題，請見 *2-7-raspberry2_Burn_Img.mp4* 影片檔。

補充資料

安裝和測試後，如果想使用不同的作業系統，可以參考 Raspberry Pi 的官網，下載其他版本的作業系統，並依照同樣的動作燒錄到 SD 卡上，就可以切換成不同的作業系統。

2.8 在 PC 把 SD 卡備份成 img 檔案

建議大家先學習如何備份 SD 卡，因為在練習的過程中，往往會不小心刪除一些檔案或系統，尤其是初學者很容易把系統弄壞，所以隨時做好備份是最好的方法。前面提到使用 Win32DiskImager 來燒錄 Raspberry Pi 作業系統，在這裡也可使用相同的軟體來備份 SD 卡資料，依照以下步驟就可以順利完成：

STEP 1 請把要備份的 SD 卡插入 Windows 電腦的讀卡器中。

STEP 2 在 Windows 的環境下打開 Win32DiskImager，執行 Win32DiskImager.exe（如果是 Windows Vista、7 和 Windows 8，建議透過滑鼠右鍵，選取「Run as administrator」來執行這個程式）。

STEP 3 在 Win32DiskImager，選取要儲存 SD 卡 img 的備份路徑和 SD 卡的位置。建議副檔名使用.img 會比較好記，並且決定好要存放備份的 img 路徑。

STEP 4 選取「Read」按鈕。

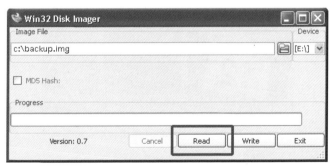

圖 2-30　在 Win32DiskImager 按下「Read」按鈕後，就可以備份資料

STEP 5 耐心等待資料備份到 100%，就成功了。

注意　請選取「Read」按鈕，不要選錯。

STEP 6 完成後，產生的檔案就是 SD 卡的備份資料。

另外所備份的 img 檔案，因為不同廠牌型號的 SD 卡容量大小，都會有幾個字元的差異，未來會有機會導致燒入失敗，所以燒入時請用相同的型號的 SD 卡，或容量較大的 SD 卡。

教學影片

請見 *2-8-backupimage.mp4* 影片檔。

2.9　在 Mac 把資料寫入 SD 卡

現在有很多人使用蘋果電腦，所以本節將介紹如何在蘋果電腦上燒錄資料。

STEP 1 打開 Terminal 應用程式。

在蘋果電腦上開啟 Terminal 應用程式。

圖 2-31　Terminal 應用程式

STEP 2 檢查 SD 卡的位置。

先把一些周邊的硬碟和 USB flash driver 暫時移除，只把想燒錄的 SD 卡放進去讀卡機就好，這是避免因為操作失誤而把其他的硬碟資料刪除。請在 Terminal 應用程式中，輸入以下的指令。

```
$diskutil list
```

就會看到如下圖所示的樣子。

```
●●●                          🖥 powenko — -zsh — 82×27

powenko@powens-MacBook-Air ~ % diskutil list
/dev/disk0 (internal):
   #:                       TYPE NAME                    SIZE       IDENTIFIER
   0:      GUID_partition_scheme                         1.0 TB     disk0
   1:              Apple_APFS_ISC                        524.3 MB   disk0s1
   2:                  Apple_APFS Container disk3        994.7 GB   disk0s2
   3:         Apple_APFS_Recovery                        5.4 GB     disk0s3

/dev/disk3 (synthesized):
   #:                       TYPE NAME                    SIZE       IDENTIFIER
   0:      APFS Container Scheme -                       +994.7 GB  disk3
                                 Physical Store disk0s2
   1:                APFS Volume Macintosh HD            15.4 GB    disk3s1
   2:              APFS Snapshot com.apple.os.update-... 15.4 GB    disk3s1s1
   3:                APFS Volume Preboot                 408.1 MB   disk3s2
   4:                APFS Volume Recovery                822.9 MB   disk3s3
   5:                APFS Volume Data                    517.2 GB   disk3s5
   6:                APFS Volume VM                      20.5 KB    disk3s6

/dev/disk4 (external, physical):
   #:                       TYPE NAME                    SIZE       IDENTIFIER
   0:      FDisk_partition_scheme                        *15.6 GB   disk4
   1:              Windows_FAT_32 boot                   268.4 MB   disk4s1
   2:                      Linux                         15.3 GB    disk4s2

powenko@powens-MacBook-Air ~ % ▌
```

圖 2-32　透過 diskutil list，來檢查 SD 卡的位置

可以用空間大小來確定哪一個是 SD 卡，如果還未分割，請參考〈2.5 格式化 Micro SD 卡〉的步驟，來分割 SD 卡。

STEP 3 下載並解開 img 檔案。

請依照〈2.3 映像檔解壓縮〉下載 Raspberry Pi 的作業系統，把檔案下載至桌面並解壓縮。

2013-12-20-
wheezy-...bian.img

圖 2-33　下載並解開 img 檔案

STEP 4 燒錄 img 檔案到 SD 卡。

請確認 img 的名稱（img 名稱可能會與筆者的不同，請確定 SD 卡路徑）。
依照筆者實際機器的狀況，並透過 diskutil list 得知它存放的位置是
/dev/rdisk2，如果路徑不一樣，請自行修改。

注意　要確定是/dev/rdisk2 的路徑，絕對不會是/dev/rdisk0（rdisk0
是蘋果電腦的內建硬碟），請依照實際的狀況改變 rdisk2 的數字，
強烈建議拔掉其他的硬碟再做這個動作。請務必確認是您的 SD 卡，
不然這個燒錄的動作，會把硬碟的資料全部覆蓋上去，並且移除舊
資料。

然後在 Terminal 中，透過切換路徑 CD 的指令，移動到存放 img 檔案的位置後，
執行以下的指令。

```
$ sudo dd if=2022-09-22-raspios-bullseye-arm64.img of=/dev/disk4 bs=1m
```

如果成功的話就會出現如下圖所示的樣子，特別的是在整個燒錄的過程中，
Terminal 看起來像是停在那邊不動，所以大約需等待 10 分鐘後才會結束。

```
●●●                          🖿 Downloads — -zsh — 121×27
powenko@powens-MacBook-Air Downloads % sudo dd if=2022-09-22-raspios-bullseye-arm64.img of=/dev/disk4 bs=1m
Password:
```

圖 2-34　燒錄 img 檔案到 SD 卡中

🎬 **教學影片**

請見 *2-9_Mac_brun_img.mp4* 影片檔。

注意　如果在做 dd 的時候出現問題，可以把所有的 Finder 關閉。

```
dd: /dev/disk1: Resource busy
```

並透過

```
$ sudo diskutil unmount "/Volumes/NO NAME"
```

就可以解決這個問題。

這裡的 NO NAME 是指 SD 卡，請改成您的 SD 卡名稱（可以透過 cd
/Volumes 和 ls 取得實際的 SD 卡名稱）。

2.10 在 Mac 把 SD 卡備份成 img 檔案

蘋果電腦的讀者，依照下面的步驟就可以把 SD 卡中的資料做備份。

STEP 1 打開 Terminal 應用程式。

STEP 2 檢查 SD 卡的位置。

和前一小節動作相同，請先把一些周邊的硬碟和 USB flash driver 暫時移除，只把想燒錄的 SD 卡放進去讀卡機就好，避免因為操作失誤而把其他的硬碟資料刪除掉。請在 Terminal 應用程式中輸入

```
$diskutil list
```

請注意 SD 卡的位置。筆者的 SD 卡路徑在 Mac 中的位置是/dev/rdisk2（您的也許會是 /dev/rdisk1 或者是其他的號碼），請參照下圖所示，依自己的實際情況修改。

```
                    📄 powenko — -zsh — 82×27
powenko@powens-MacBook-Air ~ % diskutil list
/dev/disk0 (internal):
   #:                       TYPE NAME                    SIZE       IDENTIFIER
   0:      GUID_partition_scheme                         1.0 TB     disk0
   1:                Apple_APFS_ISC                       524.3 MB   disk0s1
   2:                    Apple_APFS Container disk3       994.7 GB   disk0s2
   3:           Apple_APFS_Recovery                       5.4 GB     disk0s3

/dev/disk3 (synthesized):
   #:                       TYPE NAME                    SIZE       IDENTIFIER
   0:      APFS Container Scheme -                       +994.7 GB   disk3
                                 Physical Store disk0s2
   1:                APFS Volume Macintosh HD            15.4 GB    disk3s1
   2:              APFS Snapshot com.apple.os.update-... 15.4 GB    disk3s1s1
   3:                APFS Volume Preboot                 408.1 MB   disk3s2
   4:                APFS Volume Recovery                822.9 MB   disk3s3
   5:                APFS Volume Data                    517.2 GB   disk3s5
   6:                APFS Volume VM                      20.5 KB    disk3s6

/dev/disk4 (external, physical):
   #:                       TYPE NAME                    SIZE       IDENTIFIER
   0:      FDisk_partition_scheme                        *15.6 GB    disk4
   1:              Windows_FAT_32 boot                   268.4 MB   disk4s1
   2:                        Linux                       15.3 GB    disk4s2

powenko@powens-MacBook-Air ~ % ▌
```

圖 2-35　SD 卡的路徑

STEP 3 執行備份的指令。

跟剛剛的動作一樣，請執行備份的指令，並注意 SD 卡的位置。

```
$ sudo dd if=/dev/rdisk2 of=~/Desktop/pi.img bs=1m
```

這代表把/dev/rdisk2 備份資料到~/Desktop/pi.img，桌面的檔案 pi.img。

```
● ● ●                    ☰ Downloads — -zsh — 89×27
powenko@powens-MacBook-Air Downloads % sudo dd if=/dev/disk4  of=~/Desktop/pi.img bs=1m
Password:
```

圖 2-36　執行備份的指令

STEP 4 壓縮檔案。

處理成功之後，就會出現一個 pi.img 的檔案，順便把 img 壓縮一下，這樣可以節省很多空間。以筆者為例，檔案大小從 155mb 降到 58mb，足足可以節省 66% 的空間。

圖 2-37　成功之後的 pi.img 檔案

2.11　把 SD 卡複製到另一張——SD Card Copier

在新版的 Rasbian 有一個新的功能，透過內建軟體「SD Card Copier」就能將使用一段時間的 Micro SD 卡的內容，完整的複製到另外一張 Micro SD 卡，詳細的功能可以參考〈4.7 Raspbian 的應用程式——Accessories〉中的「SD Card Copier 資料備份軟體」。

CHAPTER

3

Raspberry Pi
樹莓派相關設定

本章重點

3.1　打開電源開機

使用 Raspberry Pi 請依照以下步驟連接相關的設備。

STEP 1 HDMI 請接到螢幕和 Raspberry Pi 上，如果電腦螢幕無法支援 HDMI，可以購買轉換頭，把 HDMI 轉換成 VGA。

STEP 2 連接 USB 滑鼠。

STEP 3 連接 USB 鍵盤（如果 USB 的接頭不夠的話，可以使用 USB Hub 分接出去，考量供電的問題，建議使用有外接電源的 USB Hub）。

STEP 4 把剛準備好的 SD 卡，插到 Raspberry Pi 上（上下方不要接反了）。

STEP 5 連接 RJ45 網路線，或者是 USB wifi。

STEP 6 最後，把 mini USB 接到 Raspberry Pi 上，另外一頭可以接到電腦上，或者是 USB 電源供應器（例如：智慧型手機的充電器）。

STEP 7 接下來就會看到 Raspberry Pi 板子上燈光會閃爍，如下圖所示。

圖 3-1　Raspberry Pi 2 板子上燈光會閃爍，代表正常的動作

使用 Raspberry Pi 4，請依照以下步驟連接相關的設備。

STEP 1 把 Micro HDMI 接到螢幕和 Raspberry Pi 4 上，如果電腦螢幕無法支援 Micro HDMI，可以購買轉換頭，就可以把 Micro HDMI 轉換成 VGA 或 Micro HDMI 轉 HDMI，但要留意有些轉換器會導致訊號無法輸出。

STEP 2 USB 連接 USB 滑鼠。

STEP 3 連接 USB 鍵盤（如果 USB 的接頭不夠的話，可以使用 USB Hub 分接出去，考量供電的問題，建議使用有外接電源的 USB Hub）。

STEP 4 把剛準備好的 Micro SD 卡，插到 Raspberry Pi 上（上下方向不要接反了）。

STEP 5 如果有網路路線，也可以把網路現連接 RJ45 網路孔。

STEP 6 最後，把 USB-C 接到 Raspberry Pi 上，另外一頭可以接到電腦上，或者是 USB 電源供應器（例如：智慧型手機的充電器，建議使用 5V 2A 以上等級的變電器）。

STEP 7 接下來就會看到 Raspberry Pi 4 板子上燈光會閃爍，如下圖所示。

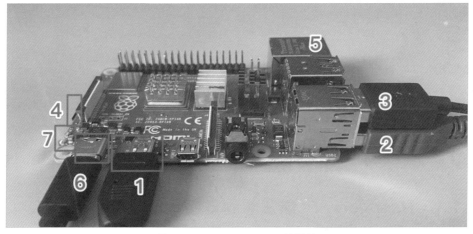

圖 3-2 Raspberry Pi 4 的接線

當你在螢幕上看到桌面，即表示成功開啟 Raspberry Pi 。

圖 3-3　在螢幕上看到系統出現，代表開機成功

系統內定的帳號密碼是：

帳號：pi
密碼：raspberry

輸入後就可以順利進到 Linux 模式。

─🖵教學影片────────────────────────────────
使用樹莓派 2 或 3 的使用者，請見 *3-1-Raspberry23.mp4* 影片檔。
使用樹莓派 4 的使用者，請見 *3-1-Raspberry4.mp4* 影片檔。
──

3.1.1　Raspberry Pi 無法看到畫面，但是有看到 LED 燈光的閃爍（調整螢幕顯示模式）

在 Raspberry Pi 硬體板子上面有 2 個 LED 燈，紅色的 LED 燈是電源、綠色 LED 燈是讀取 Micro SD 卡，如果二個燈一開始都有亮，但過兩分鐘後就沒看到畫面，這表示 Raspberry Pi 板子其實是運作正常，只是因為顯示器螢幕無法支援。碰到這種狀況時：

1. 請先確認 HDMI 螢幕接線是正常的。

2. 如果有用 HDMI 轉換器，請確認該轉換器可以正常工作。

3. 如果接線正常但還是沒有畫面，這應該是顯示器無法顯示高解析模式。

◉ 解決方法一

換一個比較好或新型的顯示器再試一次。

◉ 解決方法二

修改調整 Raspberry Pi 內定的螢幕顯示模式。

STEP 1 因為 Unix 和 Windows 的文件格式不一樣，Unix 文件的換行符號是 \n，Windows 文件的換行符號是 \r\n，所以不能用一般的 Windows 工具來編輯設定，請下載 NotePad++工具，並且透過它來編輯檔案。網址是 *http://notepad-plus-plus.org/*。

圖 3-4 請下載 NotePad++，在 Windows 環境下修改 Unix 文件

STEP 2 透過 NotePad++工具，打開 SD 卡根目錄中的 config.txt 設定文件。

STEP 3 找一下文件，把下列

```
#hdmi_group=1
#hdmi_mode=1
```

修改成如下

```
hdmi_drive=2
hdmi_group=2
hdmi_mode=16
```

完成後儲存，再把 Micro SD 卡放到 Raspberry Pi 後重新開機，這樣就可以順利設定 Raspberry Pi 螢幕的解析度。因為很多電腦螢幕並沒有支援 Raspberry Pi 的內定預設值：1080p 的 1920×1080，所以很多使用者直接將「HDMI to VGA」輸出給舊的電腦螢幕，勢必會超出可顯示的解析度而無畫面。所以，先修改記憶卡中 FAT32 分割區中的 config.txt，加入底下的內容：

上面的設定主要功用如下：

- hdmi_drive：設定要驅動 DVI (1) 還是 HDMI (2)，必須使用 HDMI，也就是設定為 2 才會有聲音。

- hdmi_group：用來指定要使用 CEA 或 DMT 的格式設定解析度。

- hdmi_mode：當 hdmi_group=2，而 hdmi_mode=16 時，表示使用 1024×768 60Hz 的解析度。

補充資料

```
hdmi_drive=2   # 切換HDMI/DVI 模式(1=DVI, 2=HDMI)
hdmi_group=2   # HDMI 模式(1=CEA, 2=DMT)
hdmi_mode=16 # 解析度(9=800x600/60Hz, 16=1024x768/60, 28=1280x800/60)
hdmi_force_hotplug=1 # 1=不管如何，強迫顯示 HDMI mode，系統不要自動偵測。
```

補充教學：解析度列表

HDMI 模式當 hdmi_group=1（CEA）	解析度
hdmi_mode=1	VGA
hdmi_mode=2	480p 60Hz
hdmi_mode=3	480p 60Hz

HDMI 模式當 hdmi_group=1（CEA）	解析度
hdmi_mode=4	720p 60Hz
hdmi_mode=5	1080i 60Hz
hdmi_mode=6	480i 60Hz
hdmi_mode=7	480i 60Hz
hdmi_mode=31	1080p 50Hz
hdmi_mode=32	1080p 24Hz
hdmi_mode=33	1080p 25Hz
hdmi_mode=34	1080p 30Hz

如果想知道更多，可以參考 *http://elinux.org/RPiconfig*。

3.1.2　連一個 LED 燈光都沒有閃爍，也沒有動靜

不但無法看到畫面，且 Raspberry Pi 連一個 LED 燈光都沒有閃爍，也沒有動靜。

◉ 解決方法一

換一個電源線，確定可以提供足夠的 5V 和 2A 直流電，建議使用 5V 2A 的變壓器，提供電力到 mini USB 上。您可以到販賣手機的店家購買 5V 2A 的 USB 變壓器，也就是智慧型手機的 USB 充電器，再試一次看看。

◉ 解決方法二

上述方法都不可行的話，建議換一張 Raspberry Pi 卡，因為至少 PWR 的 LED 燈是要亮的。

3.1.3　LED 燈光只有亮幾個，但螢幕沒有動靜

請注意檢視硬體上的 LED 燈，每一個 LED 燈都有它獨特的意思。

名稱	功能
ACT（綠色）	SD 卡讀取時，會有閃爍。
PWR（紅色）	3.3V 電源打開。

◉ 綠燈都沒閃爍過的原因

- Micro SD 卡沒有燒錄正確的 img 檔案，請回到前一章節，重新再做一次。

- Micro SD 卡相容性的問題，建議換一張 Micro SD 卡再做一次看看。

◉ 紅燈都沒亮的原因

確定是電源的問題，請查一下：

- mini USB 是否有接到 Raspberry Pi 上。

- mini USB 的另一端，是否接到 USB 變壓器上。

- 是否有電。可以連接到手機上，先試試看電源是可以充電的。

- Raspberry Pi 板子是否壞掉。

圖 3-5 樹莓派兩個 LED 燈

3.1.4 常見問題──SD 卡不相容

如果開機時，只有亮 PWR 燈，但 ACT 燈是完全暗的話，最常見的問題就是 Raspberry 找不到 SD 卡，這是因為 Raspberry 對 Micro SD 卡要求非常高，可以參考本書的〈2.4 準備啟動用的 SD 卡〉中推薦的 Micro SD 卡列表。

另外如果 ACT 燈只有前面幾秒有閃爍，但後面就全面暗的話，請確認 Micro SD 卡的 image 是否有燒入成功。

3.2 改變鍵盤（方法一，桌面軟體）

很多人會發現 Raspberry Pi 內定的鍵盤好像怪怪的，很多字打不出來，例如「@」「#」等字，這是因為內定的鍵盤是英國鍵盤，不是美國鍵盤。

STEP 1 選取「Prefernces\Raspberry Pi Configuration」進入樹莓派設定程式。

圖 3-6 開啟樹莓派設定程式

STEP 2 在 Raspberry Pi 設定程式中點選「Localisation」區域。

STEP 3 點選「keyboard」鍵盤設定。

STEP 4 設定：

- Model 型號為「Generic 105-Key PC(intl.)」一般 105 鍵
- Layout 外觀為「English (US)」
- Variant 種類為「English (US)」

STEP 5 點選「OK」，離開鍵盤設定。

STEP 6 點選「OK」，離開樹莓派設定程式。

下次開機就會採用新的設定。

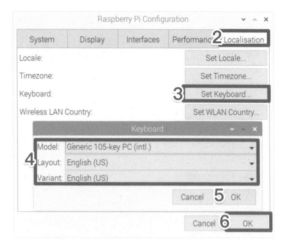

圖 3-7　設定鍵盤 105 鍵美式鍵盤

🎬**教學影片**

請見 *3-2-KeyboardChange.mp4* 影片檔。

3.3　改變鍵盤（方法二，命令列）

同上一章節，也可以透過命令列來改變鍵盤的設定。

STEP 1　點選 Terminal 進入命令列，在命令列下面輸入

```
$sudo raspi-config
```

圖 3-8　點選 Terminal 進入命令列

STEP 2 鍵盤設定選取 LocalisationOptions\Change Keyboard Layout\，然後在「鍵
盤設定」選取「Generic 105-key」。

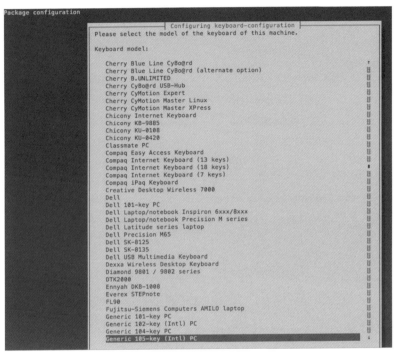

圖 3-9 鍵盤設定，請選取「Generic 105-key」

STEP 3 在「鍵盤 layout 設定」，請指定為「Other」。

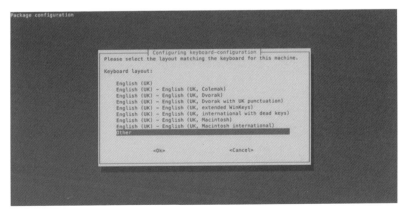

圖 3-10 鍵盤 layout 設定，請指定爲「Other」

STEP 4 在設定鍵盤的國家或地區時，請指定為「English (US)」。

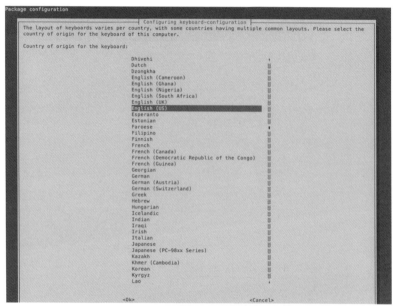

圖 3-11 鍵盤國家或地址設定，請指定為「English (US)」

STEP 5 在設定鍵盤的 Layout 時，請指定為「English (US)」。

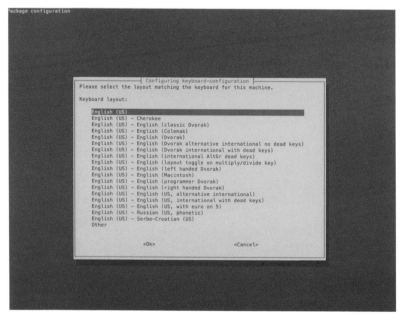

圖 3-12 鍵盤 layout 設定，請指定為 English (US)

STEP 6 在「設定鍵盤的 Key to function as AltGr」，設定為「Both Alt keys」；
在「設定鍵盤的 Compose Key」，設定為「No compose key」。

STEP 7 在「設定是否可以用 Control+Alt+Backspace 來離開 X server？」，請選
「Yes」。

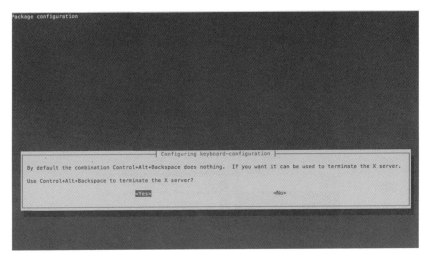

圖 3-13 鍵盤設定是否可以用 Control+Alt+Backspace 來離開 X server？請選「Yes」

STEP 8 回到設定的主選項，透過鍵盤的「Tab」按鍵，選取到「Final」離開後，
鍵盤就會正常。

🎬 **教學影片**

請見 *3-3-KeyboardChange-Terminal.mp4* 影片檔。

3.4 改變語系（方法一，桌面軟體）

Raspberry Pi 因為是英文系統，用起來有點不太方便，如果想把它改成中文，請
依照下面的步驟改變設定，不過目前為止所顯示的中文有限，還有很多可改善的
空間。

STEP 1 選取「Prefernces\Raspberry Pi Configuration」進入樹莓派設定程式。

圖 3-14 開啟樹莓派設定程式

STEP 2 在 Raspberry Pi 設定程式中點選「Localisation」區域。

STEP 3 點選「Set Locale... 」語系設定。

STEP 4 設定：

- Language 語言為「zh (Chinese)」
- 簡體中文「CN」繁體中文「TW」
- Character Set 文字編碼為「UTF-8」

STEP 5 點選「OK」，離開語系設定。

STEP 6 點選「OK」，離開樹莓派設定程式。

圖 3-15　設定語系

STEP 7　是否要重新開機選取「Yes」。

圖 3-16　是否要重新開機「Yes」

下次開機就是中文系統。

圖 3-17　中文版的作業系統

📽 教學影片

請見 *3-4-Chinese.mp4* 影片檔。

3.5 改變語系（方法二，命令列）

STEP 1 進入設定，在命令列下面輸入

```
$sudo raspi-config
```

STEP 2 請選取 Localisation Options\Change Locale\。

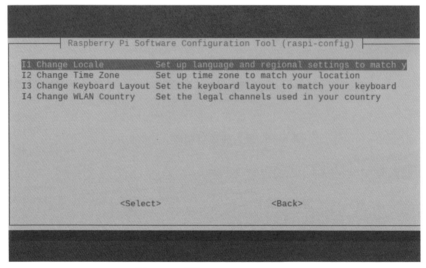

圖 3-18 選取 Change Locale

STEP 3 原本的英文版是選取「en_GB.UTF-8 UTF-8」；如果想設定為繁體中文，請選取「zh_TW.UTF-8 UTF-8」；如果要選取簡體中文，請選取「zh_CN.UTF-8 UTF-8」。不過 Raspberry Pi 的系統，還是以英文語系為主，其他語言的支援程度還有待加強，所以建議選取「en_US.UTF-8 UTF-8」，才不會因為中文翻譯不完整的問題所產生的亂碼情況，而導致無法理解其問題。

選取方式是透過鍵盤按下「空白鍵」後會產生「＊」，再按下鍵盤「Tab」，
選取「OK」後，按下「Enter」鍵完成設定。

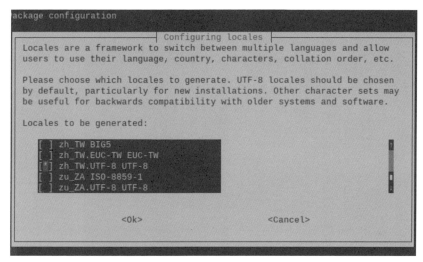

圖 3-19 選取「en_US.UTF-8 UTF-8」

STEP 4 接下來系統會詢問預設的 Raspberry Pi 內定語系語言是哪一種。

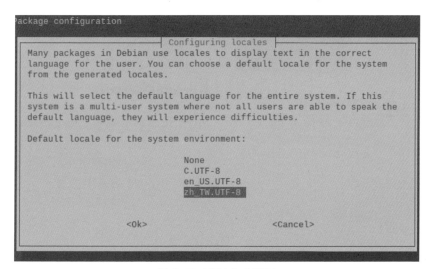

圖 3-20 系統內定語系

🎬 教學影片

請見 *3-5-Chinese-Terminal.mp4* 影片檔。

3.6 改變時區和時間語系

Raspberry Pi 內定時區是英國倫敦，請依照下面的步驟更改時區：

STEP 1 選取「Prefernces\Raspberry Pi Configuration」進入樹莓派設定程式。

圖 3-21　開啟樹莓派設定程式

STEP 2 在 Raspberry Pi 設定程式中點選「Localisation」區域。

STEP 3 點選「Set TimeZone...」設定時區。

STEP 4 設定：

- Area 區域為「Asia」亞洲
- Location 位置「Taipei」或其他的城市所在地。

STEP 5 點選「OK」，離開設定時區。

STEP 6 點選「OK」，離開樹莓派設定程式。

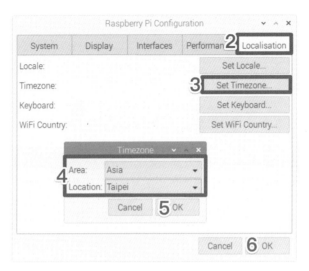

圖 3-22　設定時區語

🎬 **教學影片**

請見 *3-6-TimeZone.mp4* 影片檔。

3.7　中文輸入法和中文字型

安裝酷音中文輸入法。

STEP 1 點選 Terminal 進入命令列。

STEP 2 在命令列下面輸入以下

```
$sudo apt-get install scim-chewing
```

圖 3-23　點選 Terminal 進入命令列安裝酷音中文輸入法

STEP 3 可以在命令列下面輸入,用來安裝文泉驛微米黑、文泉驛正黑、文泉驛點陣宋體。

```
$sudo apt-get install ttf-wqy-microhei ttf-wqy-zenhei xfonts-wqy
```

圖 3-24 點選 Terminal 進入命令列安裝中文字體

STEP 4 在命令列下面輸入以下的指令安裝 SCIM 中文輸入法(套件 scim-tables-zh),從視窗桌面選擇中文輸入法,可以列出一堆,包括倉頡、輕鬆、大易、注音等。

```
$ sudo apt-get install scim scim-tables-zh scim-chewing
scim-gtk-immodule im-switch
```

STEP 5 重新開機後,點選右上角的「鍵盤」icon,切換「酷音中文輸入法」。

圖 3-25 酷音中文輸入法

📽 **教學影片**

請見 *3-7-Chinese_input.mp4* 影片檔。

3.8 關機或重新啟動

3.8.1 關機

Raspberry Pi 要如何關機呢？硬體上並沒有關機的按鍵，可以透過以下指令

```
$sudo shutdown -h now
```

或者是

```
$sudo halt
```

稍等一下就可以順利關機。

也可以在桌面環境中選取「RPI/Shutdown.../ Shutdown」。

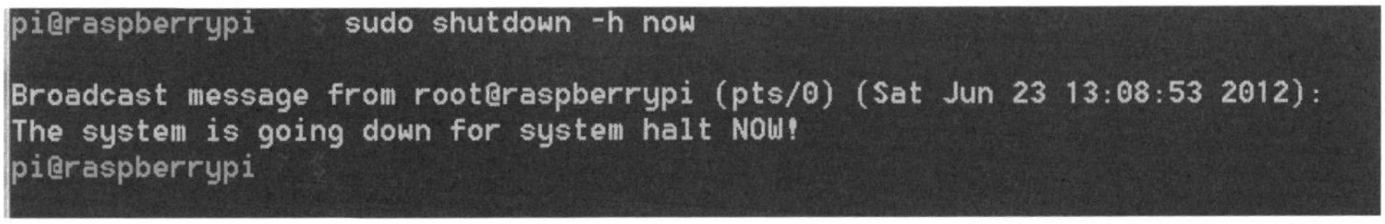

```
pi@raspberrypi       sudo shutdown -h now

Broadcast message from root@raspberrypi (pts/0) (Sat Jun 23 13:08:53 2012):
The system is going down for system halt NOW!
pi@raspberrypi
```

圖 3-26　透過 sudo halt 關機

3.8.2 重新啟動

如果要重新開機，可以透過以下指令

```
$sudo shutdown -r now
```

或者是

```
$sudo reboot
```

也可以在桌面環境中選取「RPI/Shutdown.../Reboot」。

圖 3-27 桌面環境重新開機或關機

🎬 **教學影片**

請見 *3-8-reboot.mp4* 影片檔。

3.9 更新 Raspberry Pi 的 Firmware 版本

一般來說不需要更新 Raspberry Pi 的 Firmware 版本,但是如果有需要更新的話,只要透過以下的指令,便可以透過網路下載並安裝最新版。

```
$sudo apt-get install ca-certificates
$sudo apt-get install git-core
$sudo wget http://goo.gl/1BOfJ -O /usr/bin/rpi-update && sudo chmod +x
/usr/bin/rpi-update
$sudo rpi-update
$sudo shutdown -r now
```

3.10 更新 SD 卡的容量

因為是使用 img 檔燒錄 SD 卡的作業系統，所以系統內定只有用到 4GB 空間。如果想從 4GB 擴展到整個 SD 的空間（如 16GB），請依以下步驟設定。

STEP 1 進入設定系統，在命令列下面輸入

```
$ sudo raspi-config
```

STEP 2 自動擴大 SD 卡的容量。選取「Advanced Options/Expand Filesystem」。

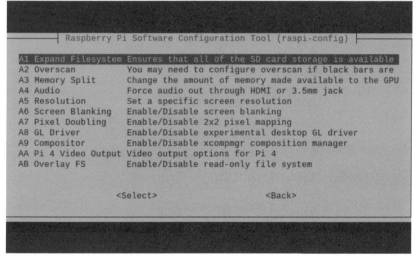

圖 3-28　選取「Expand Filesystem」

STEP 3 儲存並重新開機。透過鍵盤「Tab」鍵，選取「Finish」後按下「Enter」鍵。這時系統會問您是否要重新開機，選取「Yes」後重新開機即可。

📽 教學影片

請見 *3-9-ExpandFileSystem.mp4* 影片檔。

3.11 進階設定

在命令列下面輸入

```
$ sudo raspi-config
```

在 Advanced Options 中有幾個重要的設定如圖 3-26，分別說明如下：

- A1.Expand Filesystem：更新 SD 卡的容量。

- A2.Overscan：透過掃描設置控制來設定邊框，這功能是使用在螢幕上的圖片，並且可以用來調整顯示器邊邊的黑框。

- A3.Memory Split：記憶體分割。

- A4.Audio：設定聲音的輸出是由 HDMI 還是 3.5mm 的聲音接口。

- A5.Resolution：調整螢幕解析度。

- A6.Screen Blanking：啟動邊緣黑色的處理。

- A7.Pixel Doubling：啟動每個點擴充 2x2。

- A8.GL Driver：啟動 Open GL 驅動程式。

- A9.Compositor：啟動 Xcompmgr 合成器。

- AA.Pi 4 Video Out：設定樹莓派 4 的影像輸出設定。

- AB. Over FS：啟動唯讀的檔案系統。

3.12 設定 WiFi（方法一：桌面軟體）

設定 WiFi 推薦使用這個方法比較簡單，請依以下步驟設定。

STEP 1 在桌面環境中的右上角點選「WiFi」，並選取要連線的 WiFi Router。

圖 3-29　選取要連線的 WiFi Router

STEP 2 輸入 WiFi 密碼。輸入 WiFi Router 的連線密碼。

圖 3-30　輸入 WiFi 密碼

STEP 3 連線成功。建議將滑鼠移到 WiFi 圖標上面，等一下就會出現該網路的 IP 位置。

圖 3-31　選取要連線的 WiFi Router

🎬 **教學影片**

請見 *3-12-Wifi.mp4* 影片檔。

3.13 設定 WiFi（方法二：命令列）

Raspberry Pi 3 和 4 請跳到 Step 3。

Raspberry Pi 2 雖然沒有直接連接 WiFi 的硬體，但是可以透過 USB 的 WiFi 來達到目的，Raspberry Pi 對網路卡自有一套嚴格的接受條件，所以建議不要亂買市面上的網路卡，否則會找不到驅動程式。另外，以下的方法是透過文字指令來設定無線網路，方法如下：

STEP 1 舊的版本可以使用官方建議的 WiFi 網卡，Edimax EW-7811Un 150 Mbps Wireless，這也是筆者現在使用的 USB WiFi 設備。

STEP 2 接上後開機，使用 lsusb 確認網路卡驅動程式安裝成功。

```
$lsusb
```

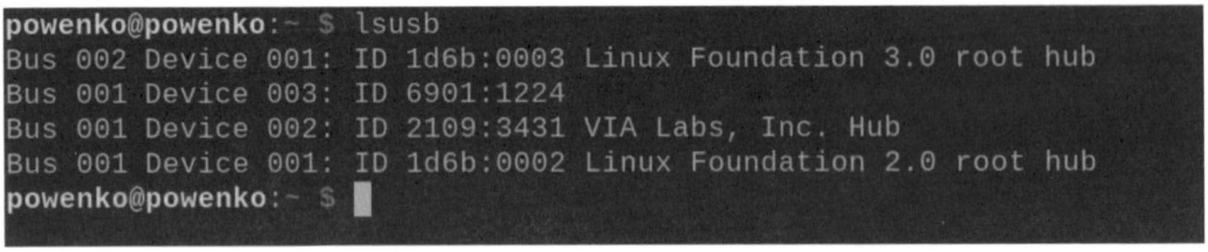

```
powenko@powenko:~ $ lsusb
Bus 002 Device 001: ID 1d6b:0003 Linux Foundation 3.0 root hub
Bus 001 Device 003: ID 6901:1224
Bus 001 Device 002: ID 2109:3431 VIA Labs, Inc. Hub
Bus 001 Device 001: ID 1d6b:0002 Linux Foundation 2.0 root hub
powenko@powenko:~ $
```

圖 3-32　透過 lsusb 指定，來看是否安裝好 WiFi 網卡的驅動程式

STEP 3 編輯網路設定文件

```
$sudo nano /etc/network/interfaces
```

修改如下

```
auto lo

iface lo inet loopback
iface eth0 inet dhcp

allow-hotplug wlan0
auto wlan0


iface wlan0 inet dhcp
```

```
wpa-ssid "ssid"
wpa-psk "password"
```

意思是

```
# 設定 Wi-Fi AP 之 SSID，例如 Wi-Fi router 叫做 powenko
wpa-ssid "powenko"
# 設定 Wi-Fi 密碼，例如 Wi-Fi 密碼叫做 powenko.com
wpa-psk "powenko.com"
```

所以請依照您的 WiFi 網路，設定 WiFi 的 SSID 和網路密碼。

如果想幫 WiFi 設定固定 IP 的話，可以依照以下的設定，調整 wlan0 的 IP 位置。

```
auto lo
iface lo inet loopback
iface eth0 inet dhcp


auto wlan0
iface wlan0 inet static
address 192.168.1.(希望的網路 ip)
gateway 192.168.1.254
netmask 255.255.255.0
network 192.168.1.1
broadcast 192.168.1.255
wpa-ssid "ssid"
wpa-psk "password"
```

STEP 4 在編輯環境下按下「Ctrl + O」鍵儲存，「Ctrl + X」鍵離開 nano 編輯器。

STEP 5 重新開機就可以，或者使用以下指令

```
$sudo  /etc/init.d/networking restart
```

重新啟動網路設定。

STEP 6 用以下指令

```
$sudo ifconfig
```

確認安裝成功，無線網路卡已取得 IP 位置。

```
powenko@powenko:~ $ ifconfig
eth0: flags=4099<UP,BROADCAST,MULTICAST>  mtu 1500
        ether dc:a6:32:ae:86:bf  txqueuelen 1000  (Ethernet)
        RX packets 0  bytes 0 (0.0 B)
        RX errors 0  dropped 0  overruns 0  frame 0
        TX packets 0  bytes 0 (0.0 B)
        TX errors 0  dropped 0 overruns 0  carrier 0  collisions 0

lo: flags=73<UP,LOOPBACK,RUNNING>  mtu 65536
        inet 127.0.0.1  netmask 255.0.0.0
        inet6 ::1  prefixlen 128  scopeid 0x10<host>
        loop  txqueuelen 1000  (Local Loopback)
        RX packets 31  bytes 3617 (3.5 KiB)
        RX errors 0  dropped 0  overruns 0  frame 0
        TX packets 31  bytes 3617 (3.5 KiB)
        TX errors 0  dropped 0 overruns 0  carrier 0  collisions 0

wlan0: flags=4163<UP,BROADCAST,RUNNING,MULTICAST>  mtu 1500
        inet 192.168.0.184  netmask 255.255.255.0  broadcast 192.168.0.255
        inet6 fe80::da04:f64d:be57:b8ac  prefixlen 64  scopeid 0x20<link>
        ether dc:a6:32:ae:86:c0  txqueuelen 1000  (Ethernet)
        RX packets 2066  bytes 210108 (205.1 KiB)
        RX errors 0  dropped 0  overruns 0  frame 0
        TX packets 1646  bytes 834133 (814.5 KiB)
        TX errors 0  dropped 0 overruns 0  carrier 0  collisions 0
```

圖 3-33 如果看到 wlan0 有網路位址的話，就代表成功

📽 教學影片

請見 *3-13-setup_wifi_01.mp4* 和 *3-13-setup_wifi_02.mp4* 影片檔。

3.14 取得網路 IP

於文字模式中執行如下

```
$ ifconfig
```

就可以取得如圖 3-34。

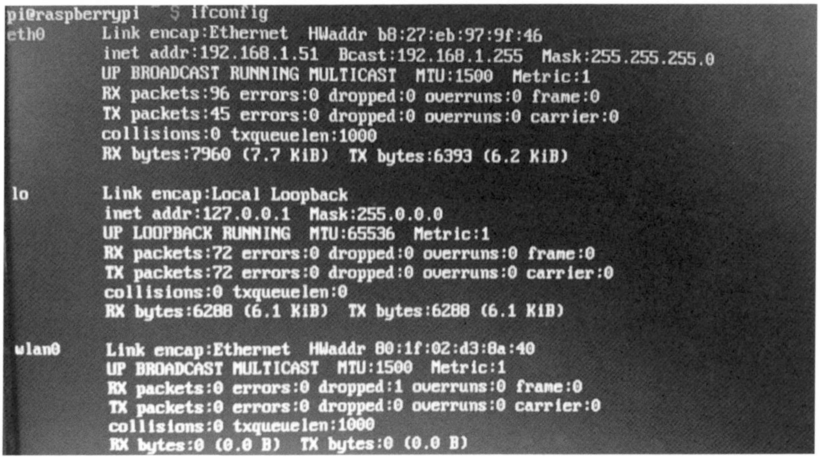

圖 3-34 執行 ifconfig

可以看到如下所示的資料，重點在「192.168.1.x」這個位置，這是筆者在實驗室所做的資料畫面，但您的機器一定會有不同的網路位置，請先把它記錄下來。

```
pi@raspberrypi ~/Desktop $ ifconfig
eth0      Link encap:Ethernet  HWaddr b8:27:eb:13:79:11
inet addr:192.168.1.48  Bcast:192.168.1.255  Mask:255.255.255.0
UP BROADCAST RUNNING MULTICAST  MTU:1500  Metric:1
RX packets:1495 errors:0 dropped:0 overruns:0 frame:0
TX packets:256 errors:0 dropped:0 overruns:0 carrier:0
collisions:0 txqueuelen:1000
RX bytes:177418 (173.2 KiB)  TX bytes:27409 (26.7 KiB)

lo        Link encap:Local Loopback
inet addr:127.0.0.1  Mask:255.0.0.0
UP LOOPBACK RUNNING  MTU:16436  Metric:1
RX packets:8 errors:0 dropped:0 overruns:0 frame:0
TX packets:8 errors:0 dropped:0 overruns:0 carrier:0
collisions:0 txqueuelen:0
RX bytes:1104 (1.0 KiB)  TX bytes:1104 (1.0 KiB)
```

3.15 如何設定 Raspberry Pi 網路固定 IP 位置？

如果是使用動態的 IP 網路位址，每次進來都要問一次網路位置實在有點麻煩。以下說明如何指定網路的固定 IP 位置，以便下回使用時不用再詢問系統。

STEP 1 在 command 文字指令模式下輸入

```
$ cd /etc/network
$ sudo nano interfaces
```

就會進入 nano 文字編輯模式（nano 是一個文書編輯軟體）。

STEP 2 輸入以下的資料，如果是使用公司或者學校的網路，請確認以下的網路位置。

```
auto eth0
iface eth0 inet static
address 192.168.1.(希望的網路ip)
gateway 192.168.1.254
netmask 255.255.255.0
network 192.168.1.1
broadcast 192.168.1.255
```

STEP 3 按下鍵盤「Control ＋O」和「Enter」鍵儲存檔案，並且按下「Control ＋ X 」鍵離開 nano 文字編輯程式。

STEP 4 重新開機之後，就可以指定網路固定 IP 位置。

3.16 使用 SSH 遠端控制 Raspberry Pi

3.16.1 什麼是 SSH？

SSH（Secure Shell）是一套安全的網路連線程式，它可以透過網路連線至其他電腦、在其他電腦上執行程式、在電腦之間複製檔案，甚至可以提供更安全的連線；以上的這些連線，都是在安全編碼保護下完成的。

3.16.2 為什麼要使用 SSH？

上面所說的各種功能，傳統 BSD 所提供的 r 指令（rsh、rlogin、rcp）幾乎都能完成，那為什麼要用 SSH 呢？理由就在於 r 指令所提供的連線並沒有經過編碼，有心人只要使用適當的工具就能夠截下輸入的每一個字，包括密碼。如果利用 X protocol 在遠端機器執行 X 程式，有心人也可以截下傳輸的資料，當然也包括密碼。而 SSH 針對這些弱點做了補強，對所傳輸的資料加以編碼。

對筆者來說，每次上課都要特地為了 Raspberry Pi 準備一套鍵盤、滑鼠和螢幕實在有點麻煩，要攜帶 17 吋的螢幕到處跑也是件苦差事，因此，我會在筆記型電腦上使用 SSH 來遠端控制 Raspberry Pi。

3.16.3 在 Raspberry Pi 啟動 SSH

Raspberry Pi 系統已內建 SSH server，所以只要啟動 Raspberry Pi，並設定好網路，就可以使用了。

◉ **方法一**

設定 Wifi 推薦使用這個方法比較簡單，請依以下步驟設定。

STEP 1 ▶ 選取「RPI\Prefernces\Raspberry Pi Configuration」進入樹莓派設定程式。

STEP 2 ▶ 啟動「SSH」。點選「Interfaces」，選取 SSH 中的「Enable」啟動，點選「OK」鈕。

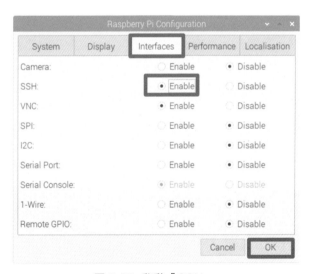

圖 3-35 啟動「SSH」

重新開機後，一開機器就會自己啟動 SSH。

──🎬 **教學影片**────────────────────────────

請見 *3-16-SSH-1.mp4* 影片檔。

──

可以用 SSH 來測試是否安裝成功。

```
$ ssh
```

```
powenko@powenko:~ $ ssh
usage: ssh [-46AaCfGgKkMNnqsTtVvXxYy] [-B bind_interface]
           [-b bind_address] [-c cipher_spec] [-D [bind_address:]port]
           [-E log_file] [-e escape_char] [-F configfile] [-I pkcs11]
           [-i identity_file] [-J [user@]host[:port]] [-L address]
           [-l login_name] [-m mac_spec] [-O ctl_cmd] [-o option] [-p port]
           [-Q query_option] [-R address] [-S ctl_path] [-W host:port]
           [-w local_tun[:remote_tun]] destination [command]
```

圖 3-36 執行 ssh，測試是否已經安裝 SSH server

然後透過

```
$ ps ax
```

來檢查是否已經執行 SSH Server，如果有執行的話就會出現 /usr/sbin/sshd 文字。

◉ 方法二

其實 Raspberry Pi 系統有內定的 SSH Server，也許是不小心被關掉了，請依照下面的步驟打開就可以。

STEP 1 進入系統設定，修改 Raspberry Pi 的設定。

```
$sudo raspi-config
```

STEP 2 設定系統頁，選取並進入「5.InteracingOptions\」。

```
Raspberry Pi 4 Model B Rev 1.4

        ┌──────────┤ Raspberry Pi Software Configuration Tool (raspi-config) ├──────────┐

          1 Change User Password Change password for the 'pi' user
          2 Network Options      Configure network settings
          3 Boot Options         Configure options for start-up
          4 Localisation Options Set up language and regional settings to match your
          5 Interfacing Options  Configure connections to peripherals
          6 Overclock            Configure overclocking for your Pi
          7 Advanced Options     Configure advanced settings
          8 Update               Update this tool to the latest version
          9 About raspi-config   Information about this configuration tool



                     <Select>                          <Finish>
```

圖 3-37 進入「Interacing Options」

STEP 3 在 Advanced Options 之中，選取進入「P2 SSH」。

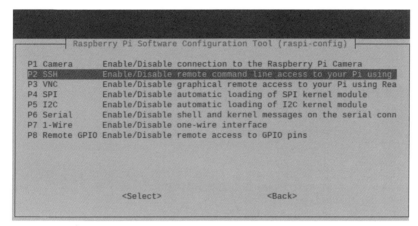

圖 3-38　進入「P2 SSH」

STEP 4 選取「Enable」，就可以順利打開 SSH server。

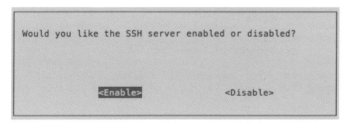

圖 3-39　選取「Enable」

教學影片

請見 *3-16-SSH-2.mp4* 影片檔。

3.17　在 Mac 使用 SSH 遠端控制 Raspberry Pi

如果使用蘋果電腦或者是 Linux 作業系統，就可以直接打開 Terminal 軟體，然後輸入以下指令，請把 IP 位置自替換行。

```
$ ssh pi@192.168.1.1
```

透過 Mac 電腦的 Terminal 輸入上面的指令，就可以連接到 Raspberry Pi，第一次使用時，會詢問 RSA Key 認證，只要選「yes」就能連線。

接下來，只要輸入帳號和密碼就能順利連線到 Raspberry Pi，帳號是「pi」，密碼是「raspberry」。

教學影片

請參考 *3-17-MAC-SSH.mp4* 影片檔。

```
powenko — pi@powenko: ~ — ssh pi@192.168.0.184 — 80×24

powenko@powens-MacBook-Air ~ % ssh pi@192.168.0.184
pi@192.168.0.184's password:
Permission denied, please try again.
pi@192.168.0.184's password:
Linux powenko 5.15.61-v8+ #1579 SMP PREEMPT Fri Aug 26 11:16:44 BST 2022 aarch64

The programs included with the Debian GNU/Linux system are free software;
the exact distribution terms for each program are described in the
individual files in /usr/share/doc/*/copyright.

Debian GNU/Linux comes with ABSOLUTELY NO WARRANTY, to the extent
permitted by applicable law.
Last login: Sun Nov 20 09:35:22 2022 from 192.168.0.169

SSH is enabled and the default password for the 'pi' user has not been changed.
This is a security risk – please login as the 'pi' user and type 'passwd' to set
 a new password.

pi@powenko:~ $ ls
```

圖 3-40　透過 SSH 遠端連線到 Raspberry Pi 去控制機器

3.18　在 iOS 遠端控制 Raspberry Pi

如果想使用電腦或智慧型手機從遠端存取控制 Raspberry Pi，可以使用 iTerminal。它是一款免費且好用的 APP，您只要輕鬆躺在沙發上，透過手機就可以連線到 Raspberry Pi 做事，聽起來有點不可思議，但現在透過手機版的 SSH 軟體就可以做到。

圖 3-41 透過 iPad 在 iTerminal APP 遠端連線到 Raspberry Pi 控制

3.19 在 Android 遠端控制 Raspberry Pi

如果想使用 Android 作業系統的平板或是智慧型手機，從遠端存取控制 Raspberry Pi，可以使用 JuiceSSH - SSH Client。它是一款免費且好用的 APP，可以在 *https://play.google.com/store/apps/details?id=com. sonelli.juicessh&hl=en* 下載，或是在 Android Store 輸入 SSH Client 搜尋就可以找到。

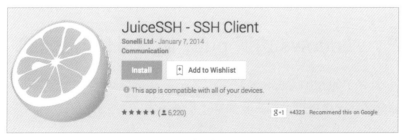

圖 3-42 好用的 Android 軟體 JuiceSSH - SSH Client

執行後畫面如下：

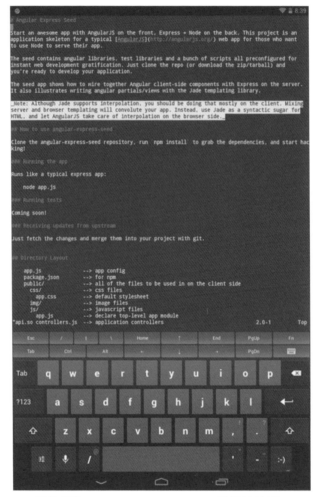

圖 3-43　Android 平板透過 JuiceSSH - SSH Client 遠端連線到 Raspberry Pi 控制

3.20 Windows 透過 putty 做 SSH 遠端連線

putty 是非常好用的 SSH Client 程式，尤其是在 Windows 系統上，除了可以透過它來下指令之外，還可以上網下載檔案，相當方便。

◉ 使用與安裝方法

網址是：*http://www.chiark.greenend.org.uk/~sgtatham/putty/download.html*

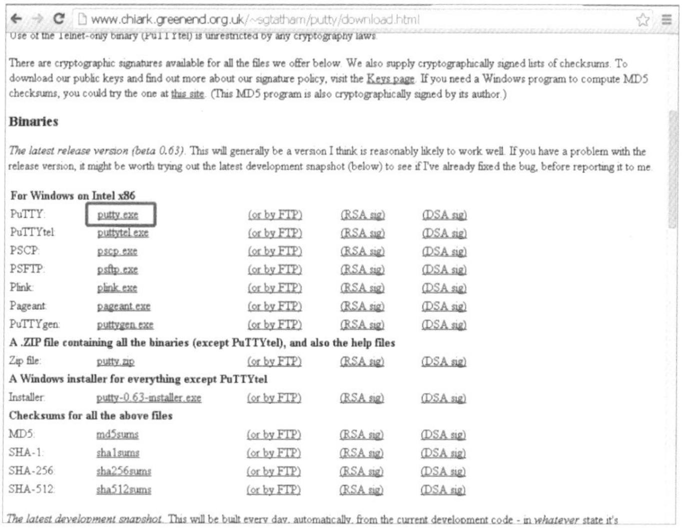

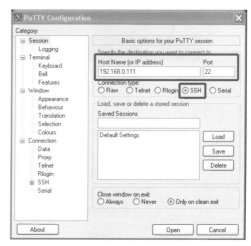

圖 3-44　putty 官方網站

下載成功之後，可以直接點選 putty.exe 執行。

圖 3-45　點選 putty.exe 執行

請確認 Raspberry Pi 的 IP 位置，如果不確定的話，可以在實體的 Raspberry Pi 機器上指定 ifconfig 就可以知道 IP 位置。

接下來打開 putty 主程式，在視窗中設定 IP 位置，並確認 Port 22 和 SSH 的設定，點選「Open」按鈕就可以連線。

圖 3-46　設定 IP 位置後，確認 Port 22 和 SSH 的設定，點選「Open」按鈕連線

putty 第一次連線時，會詢問安全性的問題，只要在安全視窗上面點選「Yes」按鈕，做確認的動作就可以。

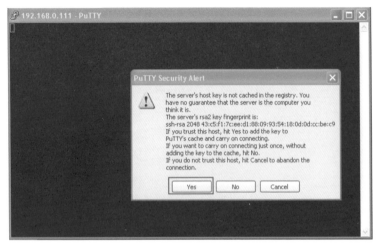

圖 3-47 在視窗上面，點選「Yes」按鈕

接下來只要輸入帳號和密碼就能順利連線到 Raspberry Pi，帳號是「pi」，密碼是「raspberry」。

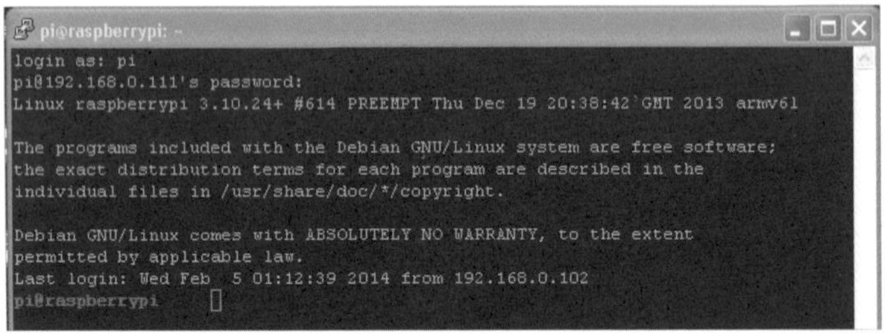

圖 3-48 輸入帳號密碼就可以順利連線

📽 教學影片

Windows PC 上使用 putty 遠端連線的完整教學影片，請見
3-20-Raspberry_putty.mp4 影片檔。

3.21 Windows 軟體 WinSCP 檔案管理上傳和下載

WinSCP 是非常好用的 SSH 檔案管理程式，可以在 Windows 上，透過類似像檔案總管的視窗來管理 SSH 檔案，尤其要從 Raspbeery Pi 上傳或下載資料時，它絕對是一套不可或缺的軟體。

◉ 使用與安裝方法

下載網址是：*http://sourceforge.net/projects/winscp/*。

圖 3-49 下載 WinSCP 的網站

請下載後自行安裝，安裝方式和一般的軟體相同，在此不重複說明。

STEP 1 安裝後請打開程式，並填上與 Raspberry Pi 的相關資訊：

1. 確定連線方式是使用「SFTP」。

2. 網路 IP 位址。

3. 帳號：pi。

4. 密碼：raspberry。

5. 接著按下「Login」按鍵，就可以順利連線。

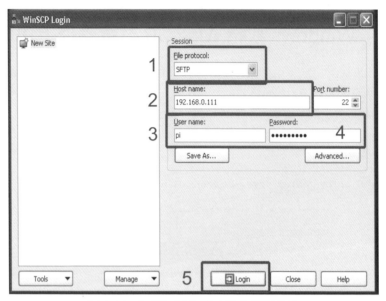

圖 3-50 在 WinSCP 程式填寫相關資料

STEP 2 第一次連線因為安全性的關係,所以會詢問是否確認連線,請點選「Yes」按鈕即可。

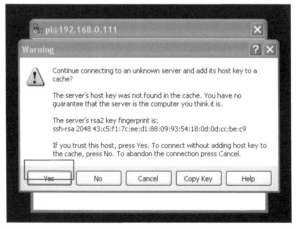

圖 3-51 安全性的警告訊息

STEP 3 接下來會看到如下圖視窗,左邊是個人 Windows 電腦的檔案總管相關資料,右邊是遠端 Raspberry Pi 機器上面的檔案資料。可使用滑鼠拖拉檔案的方法互相傳遞檔案,甚至可以透過按下滑鼠右鍵做新增、刪除、修改等檔案管理功能,是相當方便的 WinSCP 軟體,可以節省很多時間。

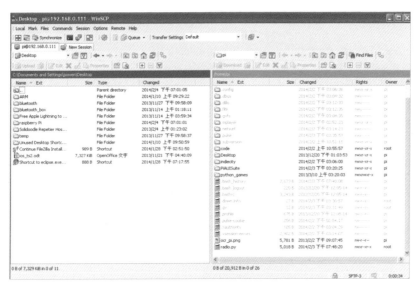

圖 3-52　WinSCP 軟體執行畫面

常見問題解決方案：出現 Warning: Remote Host Identification Has Changed error and solution

您是否曾經遇過下列的問題：當一段時間沒有連線，再使用 SSH 時，會出現錯誤訊息，並且無法再度連線。

```
powens-air:~ powenko$ ssh pi@192.168.1.48
@@@@@@@@@@@@@@@@@@@@@@@@@@@@@@@@@@@@@@@@@@@@@@@@@@@@@@@@@@@
@    WARNING: REMOTE HOST IDENTIFICATION HAS CHANGED!    @
@@@@@@@@@@@@@@@@@@@@@@@@@@@@@@@@@@@@@@@@@@@@@@@@@@@@@@@@@@@
IT IS POSSIBLE THAT SOMEONE IS DOING SOMETHING NASTY!
Someone could be eavesdropping on you right now (man-in-the-middle attack)!
It is also possible that a host key has just been changed.
The fingerprint for the RSA key sent by the remote host is
58:69:f1:d5:51:bb:37:2c:cb:88:fc:11:91:68:7d:15.
Please contact your system administrator.
Add correct host key in /Users/powenko/.ssh/known_hosts to get rid of this
message.
Offending RSA key in /Users/powenko/.ssh/known_hosts:4
RSA host key for 192.168.1.48 has changed and you have requested strict
checking.
Host key verification failed.
```

萬一遇到這個問題，請使用以下指令，並修改實際的 IP 位置。

```
$ ssh-keygen -R 192.168.1.48
```

移除舊的認證資料，如果順利的話，就會出現以下的訊息。

```
# Host 192.168.1.48 found: line 4 type RSA
/Users/powenko/.ssh/known_hosts updated.
Original contents retained as /Users/powenko/.ssh/known_hosts.old
```

再重新登入一次就可以了。

```
powenko@powens-MacBook-Air ~ % ssh-keygen -R 192.168.0.184
# Host 192.168.0.184 found: line 1
# Host 192.168.0.184 found: line 2
# Host 192.168.0.184 found: line 3
/Users/powenko/.ssh/known_hosts updated.
Original contents retained as /Users/powenko/.ssh/known_hosts.old
powenko@powens-MacBook-Air ~ %
```

圖 3-53　透過 ssh-keygen 移除之前所輸入的資料

3.22　設定螢幕解析度

要設定螢幕解析度，可以透過以下兩種方法設定。

◉ 方法一

設定 wifi 推薦使用這個方法比較簡單，請依以下步驟設定。

STEP 1 選取「RPI\Prefernces\Screen Configuration」進入樹莓派設定螢幕解析。

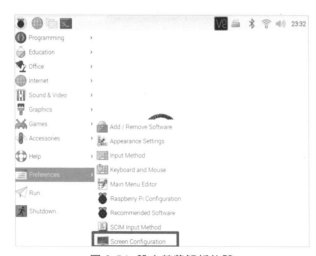

圖 3-54　設定螢幕解析軟體

STEP 2 設定螢幕解析

1. 點選「Configure/Screens/HDMI-1/Resolution/800x600」或其解析度。

2. 點選「打勾」按鈕確認。

圖 3-55 設定螢幕

重新開機後，一開機器就會自己啟動 SSH。

🎬 **教學影片**

請見 *3-22-screen-1.mp4* 影片檔。

◉ 方法二

STEP 1 進入系統設定，修改 Raspberry Pi 的設定。

```
$sudo raspi-config
```

STEP 2 設定系統頁，選取並進入「7. Advanced Options Options」。

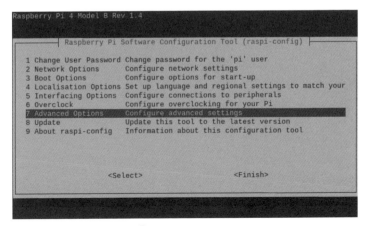

圖 3-56 進入「Advanced Options Options」

STEP 3 在 Advanced Options 之中，選取進入「A5Resolution」。

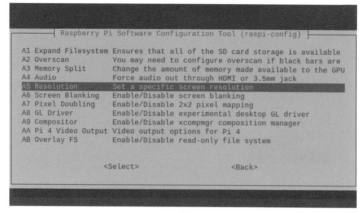

圖 3-57　進入「Resolution」

STEP 4 選取螢幕解析度，就可以順利切換。

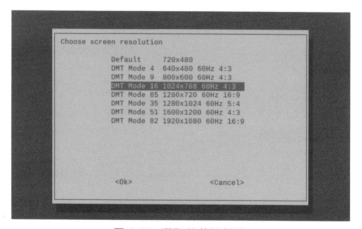

圖 3-58　選取螢幕解析度

📺 **教學影片**

請見 *3-22-screen-2.mp4* 影片檔。

3.23 VNC 遠端控制程式架設

VNC（Virtual Network Computing），是一種使用 RFB 協議的螢幕畫面分享及遠程操作軟體。此軟體藉由網路可傳送鍵盤、滑鼠動作和實際操作時的螢幕畫面。

VNC 與操作系統無關，因此可跨平台使用，例如可用 Windows 連接到某 Linux 的電腦，反之亦同。

很多人會問 VNC 和 SSH 兩者之間有什麼不一樣？一個是負責純文字 Terminal 遠端連線，另外一個是在連到 Raspbain 的桌面程式系統時可以使用。筆者實際在使用時，只要連到視窗時就會用 VNC，不然都是在 SSH 上面使用。

啟動 VNC server

相信很多人希望能夠使用 VNC 這類的遠端軟體，可以直接控制和觀看 Raspberry Pi 之前的結果，這樣可以省掉一個電視或者是螢幕。

◎ 啟動方法

STEP 1 選取「Prefernces\Raspberry Pi Configuration」進入樹莓派設定程式。

圖 3-59 開啟樹莓派設定程式

STEP 2 在 Raspberry Pi 啟動 VNC server。

1. 在 Raspberry Pi 設定程式中點選「Interface」區域。

2. 在 VNC 點選「Enable」啟動 VNC。

3. 點選「OK」設定程式。

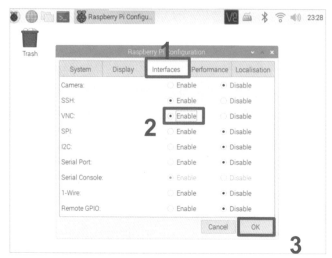

圖 3-60　在 Raspberry Pi 啟動 VNC server

◉ 常見問題解決方案：連到 VNC 出現 Cannot current show the desktop

圖 3-61　VNC 連線沒有畫面

如果等下 VNC 連線時出現「Cannot current show the desktop 」或者沒有畫面，請依照〈3.22 設定螢幕解析度〉依照方法二，進行設定螢幕解析度，就能修除這個問題順利連線。

萬一還是沒有修復此問題，可以透過以下得指令。

```
$ sudo nano /boot/config.txt
```

修改或添加裡面的內容

```
hdmi_force_hotplug=1
hdmi_group=2
hdmi_mode=35
```

並透過「Ctrl+O」鍵儲存和「Ctrl+X」鍵離開，重新開繼後就可以修復此問題。

📽 教學影片

請參見完整的教學影片檔 *3-23-VNC.mp4*。

3.24 VNC Viewer

在 PC、MAC 或 Linux 上有很多的 VNC Viewer 軟體，如果之前都沒有使用過，建議使用 REAL VNC 這款免費的軟體，可以到 *http://www.realvnc.com/download/viewer/* 下載，這裡有各種作業平台的安裝軟體，免費提供下載、安裝和使用。

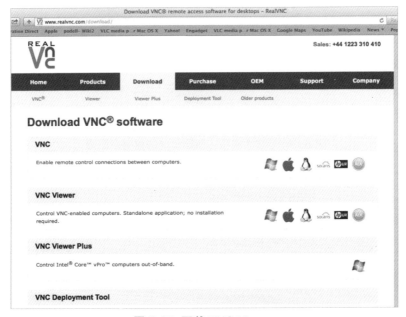

圖 3-62　下載 VNC Viewer

下載之後，填上實際的 IP 位置，再加上 Server 編號，然後按下「Connect」按鈕即可。

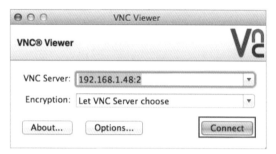

圖 3-63　VNC Viewer 軟體指定 VNC Server 的 IP 位址

第一次使用的時候，VNC Viewer 會出現提示警告訊息，直接選取「Continue」連接。

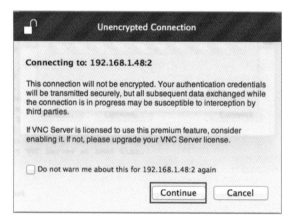

圖 3-64　首次連線時，所顯示的連線警示訊息

如果看到以下的畫面，代表順利執行，並且自動進入 Rasbian 的視窗畫面。

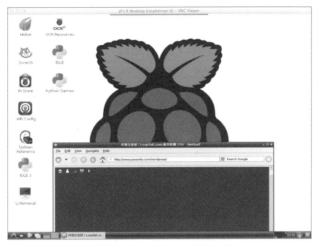

圖 3-65 順利透過 VNC Viewer 觀看 Raspberry Pi

如果讀者想透過 iOS 和 Android 連線到 Raspberry Pi，可以到 VNC Viewer 下載官方的 iOS 版本和 Android 版本，或者是到 Google Play 和 App Store 軟體市集找「VNC Viewer」下載使用。

圖 3-66 透過 iOS 和 VNC Viewer 連線到 Raspberry Pi

📽 教學影片

Windows PC 上使用 VNC Viewer 遠端連線的完整教學影片，請見
3-24-Raspberry_RealVNC_Win.mp4 影片檔。

3.25　Raspberry Pi 聲音調整

Raspberry Pi 聲音大小可透過點選右上角的喇叭，調整聲音大小，如下圖所示。

圖 3-67　點選右上角的喇叭，調整聲音大小

這裡有二個輸出，並在喇叭 icon 上，按下滑鼠的右鍵，可以切換聲音輸出到 HDMI 還是 Analog ，也就是樹莓派的耳機接孔。

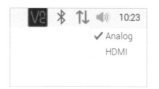

圖 3-68　點選喇叭右鍵，切換聲音輸出

請留意目前的硬體本身是沒有聲音的輸入，所以可以透過 USB Audio 卡，來添加這功能。

圖 3-69　透過 USB Audio 卡，做聲音的輸入功能

CHAPTER

4

Raspbian 圖形介面

本章重點

4.1 Raspbian 桌面圖形作業系統

當 Raspbian 安裝好，只要開機就會自動進入 Raspbian 桌面系統。

Raspbian 桌面系統分成以下幾大功能。

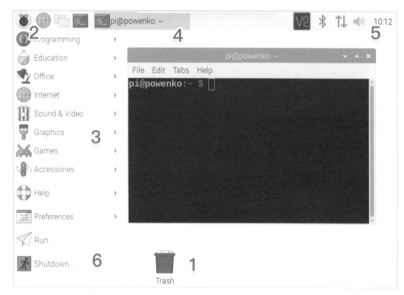

圖 4-1 Raspberry Pi 的 Raspbian 作業系統

1. **應用程式的 Icon**

   就像 Windows 作業系統一樣，可以把常用的應用程式和檔案放在桌面，方便直接點選後使用。

2. **系統選單 MenuBar**

   這功能就如 Windows 作業系統的 Start（開始），上面有系統常用的應用程式與功能，會在下一個章節，詳細的說明每一個程式。

3. **程式集**

   Raspbian 會把所有的圖形化程式放在此，方便使用者選取使用。

4. **開啟中的程式**

   顯示目前開啟的軟體。

5. **狀況欄**

由左至右的圖形化功能分別是 wifi 連線情況、聲音大小調整、CPU 使用情況（可以透過這一個小圖，看到現在 CPU 的執行情況）、時間。

6. **關機**

點選後會出現關機、重開機、登出的功能選項。

🎬 **教學影片**

請見 *4-1-Raspbian.mp4* 影片檔。

4.2 Raspbian 的應用程式——Programming 程式開發

系統選單 MenuBar 的第一個程式集 Programming 中，有幾個程式開發的軟體。

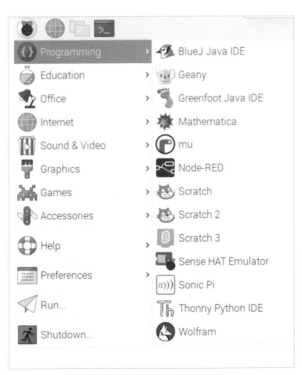

圖 4-2　程式集 Programming 的功能

4.2.1　BlueJ Java IDE 程式語言 JAVA 開發編輯器

BlueJ Java IDE 適用於 Java 語言的開發環境，主要出於教育目的而開發，但也適用於小型軟體開發。它核心使用 JDK。專案以圖形方式顯示了正在開發的應用程序的結構，並且可以用交互方式建立和測試對象。

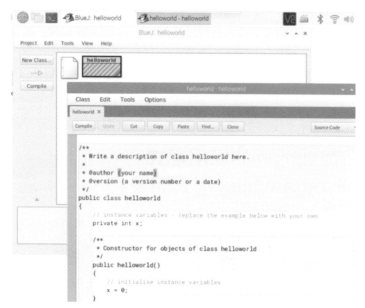

圖 4-3　BlueJ Java IDE 是 Java 程式開發工具

4.2.2　Mathematica——數學圖形工具軟體

Mathematica 是一個針對非專業人士使用，且獲愛好者和發燒友一致好評的數學工具軟體，它是目前世界上最強大的計算系統，可以把數學結果畫出圖形並顯示在畫面上。如果對天文學有興趣，想用一個簡單的方法來繪製太陽系，或是需要金融市場的分析技術，來評估決定何時賣出股票，Mathematica 都可以滿足您的需求。

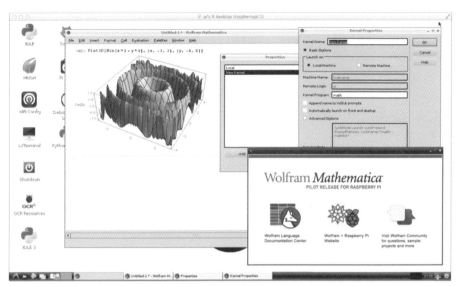

圖 4-4 Mathematica-數學圖形工具軟體

4.2.3 Thonny

Thonny 是 Python 3 版的編輯器，如同在文字模式下執行 Python。本書第 7 章會有完整且詳細的介紹。

圖 4-5 Thonny

4.2.4　Scratch、Scratch 2 和 Scratch3──圖形化程式 開發工具

Scratch 是由美國麻省理工學院（MIT）多媒體實驗室（MediaLab）所開發的開放 教育軟體，是一種積木（Blocks）組合式的程式語言，藉由拖曳、組合的方式創 造互動式的故事情節，或是經由設計遊戲的方式，提升學生高層次的思考能力， 深受學校教育所喜愛。

由於它使用方便而且容易上手，甚至還有網路版本 *http://scratch.mit.edu/*（這裡 不再另外說明操作細節）。相信讀者摸索 30 分鐘之後，就會非常熟悉如何使用這 個圖形開發工具，它能有效幫助使用者學習邏輯和建立程式開發的觀念，非常適 合初學者使用（本書的〈第 7 章使用 Scratch〉將有詳細的介紹）。

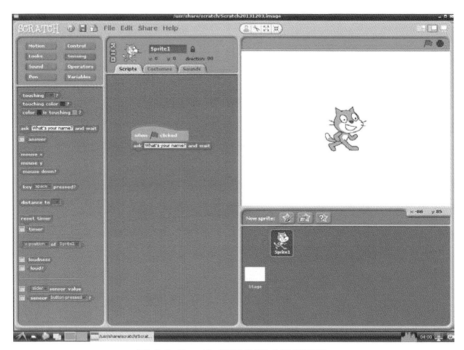

圖 4-6　Scrath-圖形化程式開發工具

4.2.5　SonicPi

SonicPi 是一個開放原始程式碼的程式環境，主要是透過創造新的聲音的過程中，探索把程式語言的概念帶入。SonicPi 強調創造性與學習過程中的重要性，並為使用者提供了控制聲音的方法。

4.2.6　Wolfram

Wolfram 絕對是學習化學和數學的最佳好朋友。如果學生想知道黑板上的化學式變成圖形會是哪種樣子，可以透過 Wolfram 軟體。它現在針對 Raspberry Pi 還有一組相關的函數，只要輸入以下指令

```
DeviceWrite["GPIO",{4->1,2->1,25->1}];
```

就可以把 GPIO 上的 LED 燈打開。

如果要學習 Wolfram，可以到官網 *http://www.wolfram. com/raspberry-pi/*，或 500 個 WolframAPI 介紹 *http://reference.wolfram.com/ language/*來學習相關知識。

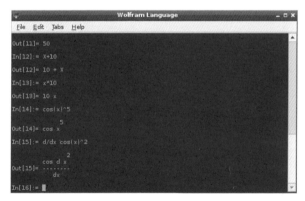

圖 4-7　Wolfram

📽 教學影片

請見 *4-2-Raspbian-Program.mp4* 影片檔。

4.3 Raspbian 的應用程式——Education 教育

系統選單 MenuBar 的第 2 個選項，是 Education 教育的功能。

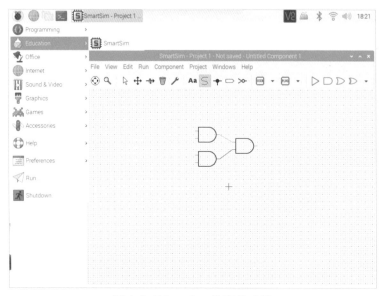

圖 4-8 Education 教育的功能

◉ SmartSim 線上商店

SmartSim 是一個免費的開放原始程式的邏輯電路設計和虛擬軟體。SmartSim 允許您建立自己的模組並將它們包含在其他電路中，就像它們是任何其他內置組件一樣，從而可以創建複雜的電路，並使用在更大的電路，作為子組件包含在其他設計中。 SmartSim 還可以將電路設計輸出為 PDF、PNG 或 SVG。

🖥 教學影片

請見 *4-3-Raspbian-Education.mp4* 影片檔。

4.4 Raspbian 的應用程式——Office 辦公軟體

系統選單 MenuBar 的第 3 個選項是 Office 辦公軟體。LibreOffice 是一個免費的開放原始程式的資料庫和管理軟體。

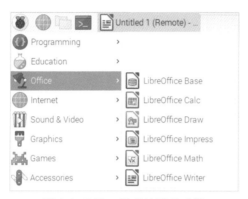

圖 4-9 Office 辦公軟體的功能

4.4.1 LibreOffice Base——資料庫

LibreOffice Base 提供類似 Microsoft Access 的功能。

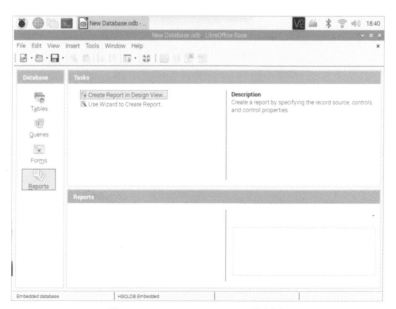

圖 4-10 LibreOffice Base 資料庫

4.4.2　LibreOffice Calc——試算表軟體

LibreOffice Calc（又稱 Calc）是 LibreOffice 套件的其中一個軟體。其與 Microsoft Excel 功能類似的試算表軟體，並可以開啟或儲存為 Microsoft Excel 的檔案格式，也可儲存為.pdf 格式。LibreOffice 試算表通常會預設以 OpenDocument Format（ODF）的格式儲存。但也支援 CSV、HTML、SXC、DBF、DIF、UOF、SLK、SDC 等格式。與其他 LibreOffice 檔案一樣，「LibreOffice 試算表」可跨平台運行。包含 Mac OS X、Microsoft Windows、Linux 和 FreeBSD 等作業系統。

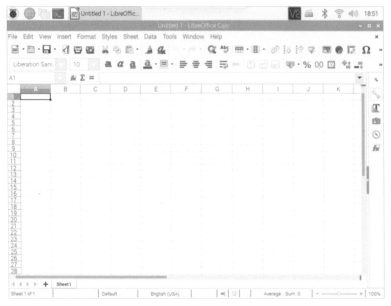

圖 4-11　LibreOffice Calc 資料庫

4.4.3 LibreOffice Draw——繪圖軟體

LibreOfficeDraw 提供類似 CAD 或小畫家的功能。

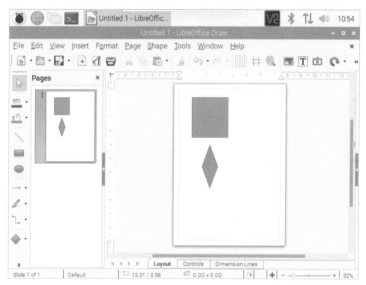

圖 4-12 LibreOffice Draw 繪圖軟體

4.4.4 LibreOffice Impress——簡報軟體

LibreOffice Impress 提供類似 Microsoft PowerPoint 的簡報軟體功能。

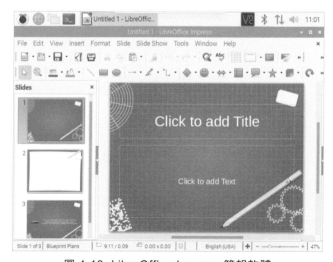

圖 4-13 LibreOffice Impress 簡報軟體

4.4.5 LibreOffice Math——數學軟體

LibreOfficeath 提供類似 Microsoft Word 中的顯示數學公式的功能，讓數學式可以顯示在圖片中。

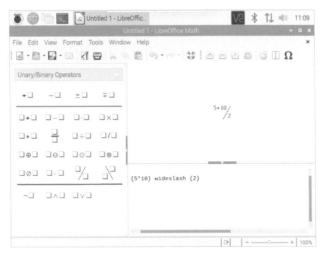

圖 4-14 LibreOffice Math 數學軟體

4.4.6 LibreOffice Writer——文書軟體

LibreOffice Base 提供類似 Microsoft Word 的文書軟體。

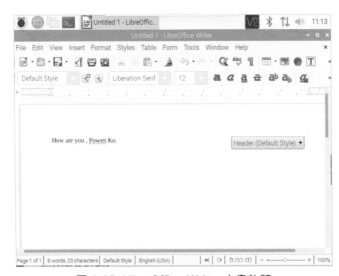

圖 4-15 LibreOffice Writer 文書軟體

4.5 Raspbian 的應用程式──Internet 網路

系統選單 MenuBar 的第 4 個選項，是
Internet 網路的功能。

圖 4-16 Internet 網路的功能

4.5.1 Chromium Web Browser

相信很多人跟筆者一樣都習慣使用 PC、Mac 或智慧型平板上的瀏覽器，但是目前
PC 上受歡迎的瀏覽器都沒有 Raspberry Pi 的版本，唯一最接近、也是筆者最喜歡
的瀏覽器版本是 GoogleChrome 的前身──Chromium。這是一套瀏覽器，可以在
RaspberryPi 上瀏覽網頁，最新的版本對網頁的處理有很大的改善，呈現出來的畫
面和一般在 PC 上瀏覽是一樣的。

圖 4-17 Chromium 瀏覽器

4.5.2　Claws Mail──電子郵件軟體

Claws Mail 是一套電子郵件軟體瀏覽器，可以在 RaspberryPi 上收和寄 eMail。

圖 4-18　Claws Mail 電子郵件軟體

4.5.3　VNCViewer──瀏覽器

VNCViewer 是一套遠端控制軟體瀏，可以在 RaspberryPi 上可以控制其它的電腦和樹莓派。

圖 4-19　VNCViewer 瀏覽器

4.6 Raspbian 的應用程式──Sound & Video

在樹莓派的圖形化作業系統之中,內
建了 Sound & Video 多媒體播放器。

圖 4-20 Sound & Video 的功能

◉ VLC Media Player 多媒體播放器

VLC Media Player 多媒體播放器是一款跨作業系統的軟體,可以播放 MP3、MP4、
AVI、MPEG、WAV 等等多媒體的檔案,是非常強大且受歡迎的多媒體軟體。

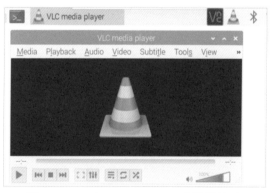

圖 4-21 VNC media player 多媒體軟體

4.7　Raspbian 的應用程式──Graphics

在樹莓派的圖形化作業系統之中，內建
了 Graphics 繪圖相關的軟體。

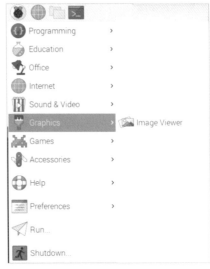

圖 4-22　Graphics 繪圖相關的軟體

◉ ImageViewer 圖片瀏覽軟體

可以透過 ImageViewer 來觀看 Raspberry Pi 上面的一些照片和圖檔。

圖 4-23　ImageViewer-圖片瀏覽

4.8　Raspbian 的應用程式——Games

在樹莓派的圖形化作業系統之中，內建了幾款遊戲。

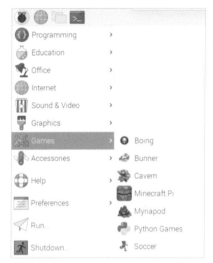

圖 4-24　Games 的功能

4.8.1　Boing

Boing 是一款如「冰上曲棍球台」的經典遊戲，可以讓兩人同時對戰。

圖 4-25　Boing

4.8.2 Bunner

Bunner 如同一款經典遊戲「青蛙過街」，畫面更加華麗。

圖 4-26 Bunner

4.8.3 Cavern

懷念經典遊戲「泡泡龍」嗎？Cavern 這款遊戲，可以讓你重溫舊夢。

圖 4-27 Cavern

4.8.4　Minecraft

「Minecraft」（我的世界，又稱當個創世神）是一款來自瑞典的獨立遊戲，玩家可以在一個由程式隨機產生的三維世界內，以帶材質貼圖的立方體為基礎建造建築物。遊戲最初由瑞典人馬庫斯·阿列克謝·泊松（Markus 'Notch' Persson）單獨開發，自 2009 年起成立 Mojang 公司開發此遊戲。遊戲中的其他活動包括探索世界、採集資源、合成物品及生存等。「Minecraftt」是一款基於 Java 平台開發的遊戲。

PC 平台的 Alpha 版本在 2009 年 5 月 17 日公開發布，經逐步更新後，正式版本於 2011 年 11 月 18 日發布。PC 平台遊戲現分有正式版和 Classic 版。Classic 版可免費獲取，其只有創造模式（Creative Mode），現已不再更新；正式版則添加了生存模式（Survival Mode），其中包括敵人、生命值等特性和更多物品。在正式版 1.0 加入了極限模式（Hardcore Mode），跟生存模式基本一致，但難度設定則被鎖定為困難，而且只有一次生命。

目前有 Android 版本、iOS 版本、Xbox 360、PlayStation 3 平台、PlayStation 4 平台、Playstation Vita 版本、Windows Phone 版本發布。所有版本的 Minecraft 都將享有定期更新，PC 版遊戲目前最新正式版本為 1.8.7。Minecraft 在 2011 年遊戲開發者大會中獲得了 5 個獎項；在遊戲開發者選擇獎中獲得了創新獎、最佳下載遊戲獎和最佳處女作遊戲獎；在獨立遊戲節中，也獲得了兩個獎項。在 2012 年，Minecraft 被授予金搖桿獎最佳下載類遊戲。

截至 2015 年 7 月 4 日，Minecraft 已經售出超過 1,995 萬份 PC 版拷貝，成為最暢銷的 PC 遊戲。除此之外，另售出 1,200 萬份 Xbox 360 版拷貝。2014 年 9 月 15 日，微軟公司宣布收購 Minecraft 開發商 Mojang，包括公司所有權及遊戲的智慧財產權。收購金額高達 25 億美元。2014 年 9 月 26 日，Mojang 官方承認該次收購屬實，其保證 Minecraft 會永遠持續開發，並繼續在所有平台上開發，目前在樹莓派也有測試的版本。

圖 4-28　Minecraft

4.8.5　Myriapod

Myriapod 是一款向經典遊戲「蛇吞蛋」致敬的遊戲，畫面相當的漂亮。

圖 4-29　Boing

4.8.6　Python Games

Python Games 遊戲中心，提供 14 款讓玩家自行選取，享受遊戲的樂趣。

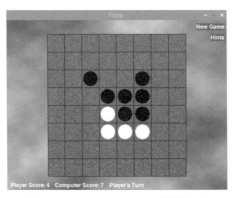

圖 4-30　Python Games 遊戲中心

4.8.7　Soccer

可以與好友一起對戰的「Soccer」是一款運動遊戲，娛樂性相當的高，可以與家人朋友一起玩的一款遊戲。

圖 4-31　Soccer

4.9　Raspbian 的應用程式──Accessories

本章節會依照系統選單 MenuBar 的順序，一一介紹每個 Raspbian 的應用程式功能與使用方法。

圖 4-32　Accessories 的功能

4.9.1　Archiver——檔案壓縮軟體

Archiver 是提供壓縮和解壓縮的圖形視窗的軟體，目前可以處理 arj、bzip2、gzip、lha、lzma、7z、rar、tar、bz2、tar.gz、tar.lzma、tar.lzop、zip、deb 和 rpm 等格式。

圖 4-33　Archiver 檔案壓縮軟體

4.9.2　Calculator——計算機

Calculator 是計算機軟體。

圖 4-34　Calculator 計算機

4.9.3　FileManager——檔案總管

Raspbian 也有所謂的檔案總管軟體，如果覺得在文字模式下管理系統不方便，可以直接透過 FileManager 檔案總管來達到相同功能。

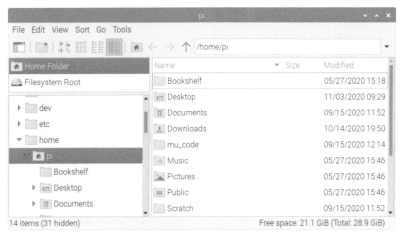

圖 4-35　FileManager 檔案總管

4.9.4　PDF Viewer——閱讀軟體

PDF Viewer 閱讀軟體，讓使用者可以打開與閱讀 PDF 的檔案。

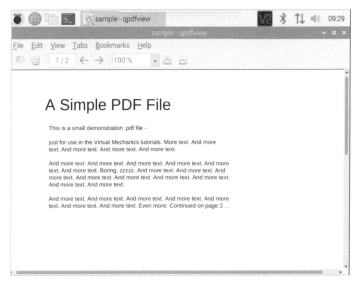

圖 4-36　PDF Viewer 閱讀軟體

4.9.5 Raspberry Pi Diagnostics——系統分析軟體

透過「Raspberry Pi Diagnostics 系統分析軟體」就能檢測 Micro SD 卡的使用情況。

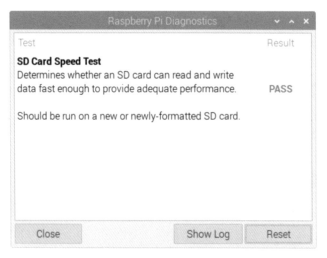

圖 4-37 Raspberry Pi Diagnostics 系統分析軟體

4.9.6 SD Card Copier——資料備份軟體

如果要將現有的樹莓派系統備份的話，可以透過「SD Card Copier 資料備份軟體」就能完成，並且將備份的資料放在不同容量大小的 Micro SD 卡中。

圖 4-38 SD Card Copier 資料備份軟體

備份 Micro SD 卡在學習樹莓派的過程中，往往會不小心刪除一些檔案或系統，尤其是初學者很容易把系統弄壞，所以隨時做好備份是最好的方法。前面提到使用 Win32DiskImager 來備份 Raspberry Pi 作業系統，這裡可以使用「SD Card Copier 資料備份軟體」來備份 SD 卡資料到另外一張 SD 卡，其差異是使用此軟體可以將不同大小容量大小的 Micro SD 卡，依照實際的使用量備份，筆者比較推薦用此方法，速度比較快。

依照以下步驟就可以順利完成：

1. 請將樹莓派開機，並執行此軟體。

2. 請新的 Micro SD 卡，透過 USB 讀卡機插入樹莓派的 USB 接槽中。

3. 在 Copy From Device，選取「ACLCD (/dev/mmcblk0)」。

4. 在 Copy To Device，選取 SD 讀卡機的卡「Generic SD/MMC (/dev/sda)」（注意，這裡的名稱請以實際的為主）。

5. 選取「Start」按鈕，並在跳出詢問是否真的要備份的視窗，點選「Yes」。

6. 耐心等待資料備份到 100%，就成功了。

7. 完成後，就產生另外一張可以使用的 Micro SD 卡。

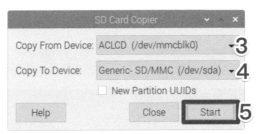

圖 4-39　在 SD Card Copier 按下「Start」按鈕後，便會將 SD 資料備份到另外一張 SD 卡

 注意　請確認「Device」不要選錯。

📽 教學影片

請見 4-9-6-SDCardCopier 影片檔。

4.9.7　Task Manager──開啟工作管理員

工作管理員可以強制關閉程式，並且察看每一個程式所使用的 CPU 和記憶體大小。TaskManager 是一個程式管理系統，可以關閉某個應用程式，或是調整哪一個應用程式的優先權，如同 Windows 電腦中程式管理員的功能。

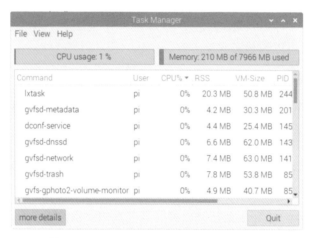

圖 4-40　Task Manager 開啟工作管理員

Terminal-終端機

就是即一般俗稱的 Linux 文字模式系統；可以同時開啟幾個終端機同時使用。

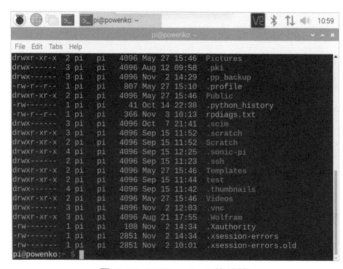

圖 4-41　LXTerminal 終端機

 Text Editor

如同 Windows 作業系統上的 notepad 記事本軟體，使用方法幾乎一樣，很容易上手。

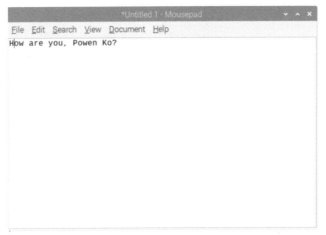

圖 4-42 Text Editor 文字編輯工具

4.10 Raspbian 的應用程式──Help 線上教學

系統選單 MenuBar 的 Help 線上教學的功能。

圖 4-43 Help 線上教學的功能

4.10.1　Bookshelf——電子書

這裡提供很多根樹莓派相
關的電子書，其中還有很
棒的 MagPi 雜誌可以免
費閱讀。

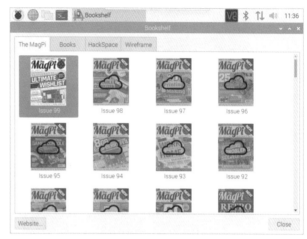

圖 4-44　Bookshelf　電子書

4.10.2　其他的部分功能

- Debian-reference：debian-reference 提供 Debian 作業系統的電子書。

- Get Start：Get Start 提供輕鬆入門樹莓派的線上網頁版的網站教學。

- Help：Help 提供樹莓派的線上網頁版的 Q&A 的問題集網站和教學。

- Projects：Projects 提供樹莓派的線上網頁版的專案分享教學。

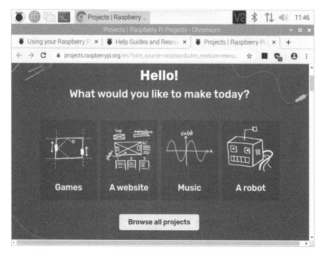

圖 4-45　Help 中的 Projects 所連結的專案集網站

4.11 Raspbian 的應用程式──Preferences 設定

系統選單MenuBar的Preferences設定的
功能。

圖 4-46 Preferences 設定的功能

4.11.1 Add /Remove Software──視窗作業系統的軟體市集

這裡提供更多視窗作業系統上可以使用的軟體市集,並提供安裝、更新和移除的
功能。

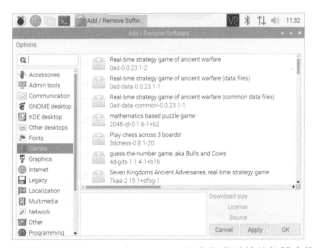

圖 4-47 Add /Remove Software 視窗作業系統的軟體市集

4.11.2　Appearance Settings——桌面面板換膚和換桌布

Appearance Settings 可以切換桌面上桌布的圖片，也可以設定桌面面板外觀的換膚程式，可以自己選取喜歡的 Windows 外型，還有微調功能，並提供使用者改變字體大小和顏色等細部設定。

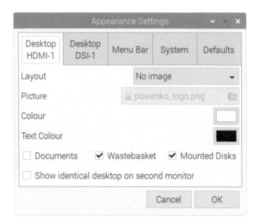

圖 4-48　Appearance Settings 使用桌面面板換膚功能

4.11.3　Input Method Switcher——切換輸入法

Input Method Switcher 切換輸入法可以切換不同的輸入法，並設定為 default 系統預設輸入法。

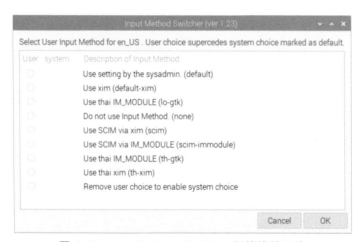

圖 4-49　Input Method Switcher 切換換輸入法

4.11.4 Mouse and Keyboard Settings——鍵盤和滑鼠的控制

鍵盤和滑鼠的控制,用來調整鍵盤種類和滑鼠按鍵的反應的設定視窗,可以用它來調整游標的移動速度,和左手、右手的操作方式。

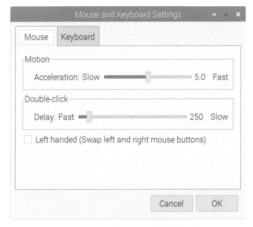

圖 4-50 鍵盤和滑鼠的控制

4.11.5 Main Menu Editor——程式集編輯

透過 Main Menu Editor 程式集編輯,可以調整樹莓派的程式集。

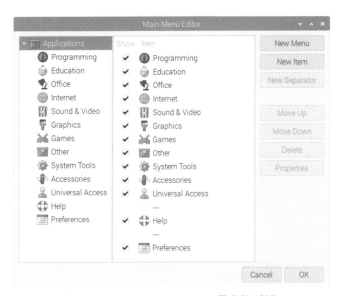

圖 4-51 Main Menu Editor 程式集編輯

4.11.6 Raspberry Pi Configuration──樹莓派設定

樹莓派的系統設定「System 系統」的功能如下：

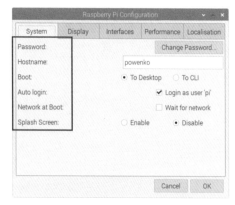

- Password：修改 pi 使用者密碼。

- Hostname：主機名稱，以後同一個
  網路可以透過(此 hostname).local
  就能連線。

- Boot ： 開 機 的 時 要 自 動 進 入
  Desktop 桌面，還是 CLI 文字終端
  機。

- Auto Login：自動登入主機，使用
  pi 的帳號。

圖 4-52 樹莓派設定「系統」

- Splash Screen：是否要顯示登入過
  程畫面（Splash Screen），因此看
  不到核心或是服務所吐出的訊息。

樹莓派的系統設定「Display 顯示」的功能有：

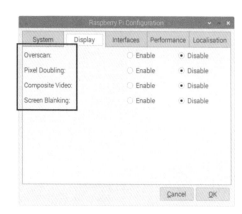

- Overscan：螢幕自動掃描。

- Pixel Doubling：啟用像素加倍功
  能，是將屏幕上的每個像素，重複
  繪製為屏幕上的 2×2 像素塊，使所
  有內容都恰好是尺寸的兩倍。

- Composite Video：開啟 RCA 的螢
  幕輸出，注意 RCA 的影像輸出同
  樣在 3.5mm 耳機孔之中。

- Screen Blanking：開啟關閉螢幕，
  螢幕保護模式。

圖 4-53 樹莓派設定「螢幕」

樹莓派的系統設定「Interfaces 介面」的

功能有：

- Camera：開啟／關閉樹莓派上的 Camera 的接腳。

- SSH：開啟／關閉 SSH 的功能。

- VNC：開啟／關閉 VNC 的功能。

- SPI：開啟／關閉 GPIO40 個接腳上的 Serial PortSPI 接腳。

- I2C：開啟／關閉 GPIO40 個接腳上的 Serial PortI2C 接腳。

- Serial Port：開啟／關閉 GPIO40 個接腳上的 Serial Port 接腳。

- 1-Wire：開啟／關閉 GPIO40 個接腳上的 1-Wire 接腳。

- Remote GPIO：開啟／關閉遠端 GPIO 接腳功能。

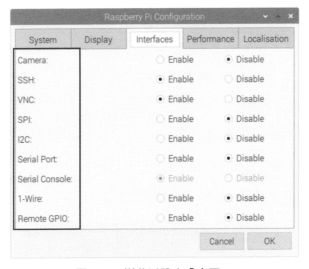

圖 4-54　樹莓派設定「介面」

樹莓派的系統設定「Display 顯示」的功能有：

- Overclock：CPU 超頻。

- GPUMemory：設定顯示卡的 GPU 記憶體大小。

- Overlay File System：設定 Boot 開機磁區是否唯讀或唯寫。

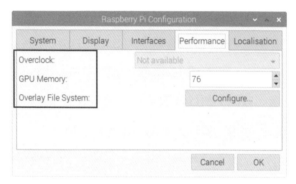

圖 4-55　樹莓派設定-系統

樹莓派的系統設定「Localisation 區域」的功能有：

- Locale：設定所在地區。

- Timezone：設定所在時區。

- Keyboard：設定使用的鍵盤。

- WiFi Country：設定 WiFi 無線網路的國家。

圖 4-56　樹莓派設定「區域」

4.11.7 Recommended Software──推薦軟體

利用此工具可安裝或移除樹莓派推薦軟體。

圖 4-57 Recommended Software 推薦軟體

4.11.8 Screen Layout Editor──畫面解析度設定

透過 Screen Layout Edito 來設定畫面的解析度，可點選選單「Configure/Screens/HDMI-1/Resolution/800x600」設定為 800x600 的大小。

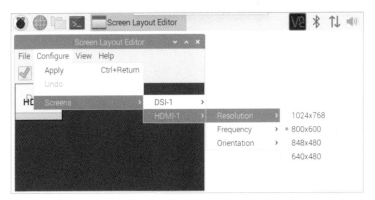

圖 4-58 Display Settings

4.12 Raspbian 的應用程式——Run 和 Logout

系統選單 MenuBar 的「Run 執行」和
「Shutdown 關機」的功能。

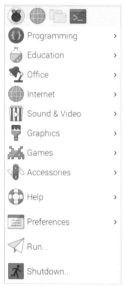

圖 4-59 「Run 執行」和「Shutdown
關機」的功能

4.12.1 Run——執行

Run 可用來直接執行某一個應用程式,只要在執行視窗中,輸入指令或程式名稱
就可以執行程式。

圖 4-60 Run 執行

4.12.2 Shutdown——關機

Logout 提供 Shutdown 關機、Reboot 重新啟動、Logout 登出現在的使用者帳號。但是這邊的「Shoutdown 關機」，跟一般觀念是不一樣的，當選取此選項，只是關閉視窗環境回到文字模式中，並不會把樹莓派關機。如果要關機（關閉電源），請在文字模式執行以下的指令，才能正確的把硬體關機。

```
$sudohalf
```

圖 4-61　Shutdown 關機

4.13 Raspbian 的應用程式——狀況欄

在畫面右上方的系統設計功能，由左至右的圖形化功能分別是 VNC、藍牙、WiFi 設定、聲音大小和時間。

圖 4-62　狀況欄

4.13.1 藍牙設定

用來連接、切斷藍牙練現和配對藍牙設備。

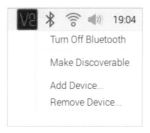

圖 4-63　藍牙設定

4.13.2　WiFi 設定

透過點選 WiFi Icon 來開啟設定 WiFi 的軟體,可以透過圖形模式,來設定無線網路連線與密碼,方法如下。

STEP 1 點選右上角的 WiFi 圖像。打開網路設定。

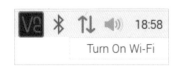

圖 4-64　打開網路設定

STEP 2 再次點 WiFi 圖像。這時在視窗 WiFi,系統便會自動掃描有多少 Wifi router 可以供網路連線,點選要連線的 Wifi router,就可以進入下一個步驟。

圖 4-65　選擇要連線的 wifi router

STEP 3 設定連線密碼。在視窗上輸入密碼後,請點選「OK」按鈕,並關閉此視窗。

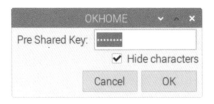

圖 4-66　設定連線密碼

STEP 4 如果在剛剛的右上角視窗中看到連接的圖形,就代表 WiFi 已設定成功。

4.13.3　Audio Device Settings──音效卡的設定和控制

用來調整聲音大小和音效的效果。

圖 4-67　Audio Device Settings 音效卡的設定和控制

注意，樹莓派有兩個聲音輸出設備，可以透過點選圖像的右鍵，就能切換聲音的輸出。

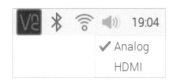

圖 4-68　透過右鍵點選圖像，就能切換聲音的輸出

4.14　Raspbian 的應用程式──筆者推薦

依據統計直到 2020 年初為止，已經有 85,000 個軟體可以在 RaspberryPi 上面執行，在此推薦幾款不錯的軟體，強烈建議一定要安裝。

4.14.1　Freeciv──遊戲

- 推薦指數：★ ★ ★ ★ ★
- 價格：免費
- 網站：*http://play.freeciv.org/*
- 安裝方法：在 ThePiStore 搜尋 Freeciv，點選安裝。

這是一款非常好玩的遊戲，就像是文明帝國，或者是早期的三國志，遊戲類型是建設和謀略型的遊戲。

圖 4-69　Freeciv

4.14.2　VirtualHere——檔案分享

- 推薦指數：★★★★★

- 價格：免費

- 網站：*https://www.virtualhere.com/*

- 安裝方法：在 ThePiStore 搜尋 VirtualHere，點選安裝。

VirtualHere 軟體，可以讓 USB 設備在網路上共享。傳統上 USB 設備都需要直接插入電腦才能夠使用，但是安裝 VirtualHere 之後，網路本身將成為電纜傳輸 USB 信號（USB 透過 IP），解決分享 USB 設備，對多個使用者的使用上，就像是透過網路的設備，連接到每個使用者的機器上。

這樣就能共享 USB 設備,其他不同的作業系統也可以使用。簡單來說,如果想把 USB 外接式印表機或 USB 硬碟分享給其他電腦的話,就可以靠這個軟體達成目的。

VirtualHere 軟體非常容易安裝和使用。

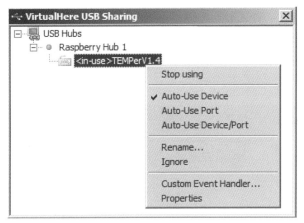

圖 4-70 VirtualHere

4.14.3 GrafX2——繪圖軟體

- 推薦指數:★ ★ ★ ★ ★

- 價格:免費

- 網站:*http://play.freeciv.org/*

- 安裝方法:在 ThePiStore 搜尋 GrafX2,點選安裝。 這是一個只能支援 256 色 的繪圖軟體,使用起來相當 的簡單便利。

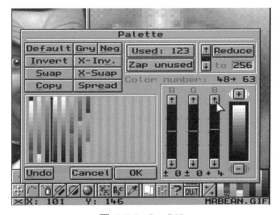

圖 4-71 GrafX2

4.15 Raspbian 圖形介面模擬機

因為 Raspberry Pi 真的是太紅了，如果各位還沒有 Raspberry Pi 的硬體機器，目前也有軟體模擬機可以提供學習和使用，可以在 Windows 的作業系統下，到以下的網址 *http://sourceforge.net/projects/rpiqemuwindows/* 下載和安裝「Raspberry Piemulation for Windows」這個軟體，安裝後就是一個完整的「QEMU」模擬器，Raspbian 圖形介面模擬機的完整作業系統環境，可以讓沒有樹莓派硬體的人，在 Windows 環境下學習和使用 Raspbian。

圖 4-72 Raspbian 圖形介面模擬機

Linux 命令列環境與操作

本章重點

由於 Raspberry Pi 是使用 Linux，雖然 Linux 目前對於圖形介面的使用已經支援的相當不錯，在圖形介面的桌面環境上使用也十分方便，但在某些設定上，視窗程式畢竟還是比不上使用傳統的文字介面來得有效！此外，使用文字介面設定對了解 Linux 也有一定的幫助，很多工作也可以直接在文字模式下執行和使用，基於省電和執行效率的考量，必須在此做介紹。

除此之外，使用文字介面登入 Linux，對於系統資源的使用也比較少，本章會分門別類的介紹幾個比較常用的指令，並提供使用的範例，方便讀者實際應用。

5.1　檔案和路徑

5.1.1　ls——檔案複製

顯示檔案名稱與內容的指令。

◉ 語法

```
ls [OPTION]... [FILE]...

-a
```

◉ 使用範例

列出檔案

```
$ ls
```

```
pi@raspberry:~ $ ls
Documents  Downloads  Music  Pictures  Videos
pi@raspberry:~ $
```

圖 5-1　ls 執行結果

用彩色列出檔案

```
$ ls --color
```

```
pi@raspberry:~ $ ls --color
Documents  Downloads  Music  Pictures  Videos
```
圖 5-2 ls --color 執行結果

詳細列出檔案系統結構

```
$ ls -l
```

```
pi@raspberry:~ $ ls -l
total 20
drwxr-xr-x 2 pi pi 4096 Nov 29 11:40 Documents
drwxr-xr-x 2 pi pi 4096 Nov 29 11:40 Downloads
drwxr-xr-x 2 pi pi 4096 Nov 29 11:40 Music
drwxr-xr-x 2 pi pi 4096 Nov 29 11:40 Pictures
drwxr-xr-x 2 pi pi 4096 Nov 29 11:40 Videos
```

顯示隱藏檔

```
$ ls -a
```

pi@raspberrypi ~ $ ls -a

```
pi@raspberry:~ $ ls -a
.   .bash_logout  .config    Downloads  Music     .profile
..  .bashrc       Documents  .mkshrc    Pictures  Videos
```
圖 5-3 ls -a 執行結果

同時顯示隱藏檔與詳細資料

```
$ ls -al
```

```
pi@raspberry:~ $ ls -al
total 48
drwxr-xr-x 8 pi    pi   4096 Nov 29 11:40 .
drwxr-xr-x 4 root root 4096 Nov 29 11:37 ..
-rw-r--r-- 1 pi    pi    220 Nov 29 11:37 .bash_logout
-rw-r--r-- 1 pi    pi   3523 Nov 29 11:37 .bashrc
drwx------ 4 pi    pi   4096 Nov 29 15:00 .config
drwxr-xr-x 2 pi    pi   4096 Nov 29 11:40 Documents
drwxr-xr-x 2 pi    pi   4096 Nov 29 11:40 Downloads
-rw-r--r-- 1 pi    pi   1670 Nov 29 11:37 .mkshrc
drwxr-xr-x 2 pi    pi   4096 Nov 29 11:40 Music
drwxr-xr-x 2 pi    pi   4096 Nov 29 11:40 Pictures
-rw-r--r-- 1 pi    pi    807 Nov 29 11:37 .profile
drwxr-xr-x 2 pi    pi   4096 Nov 29 11:40 Videos
```

將檔案內容以一個畫面的範圍顯示

```
$ ls -al|more
```

顯示特定路徑，如/home

```
$ ls  /home
```

```
pi@raspberrypi ~ $ ls  /home
allusers  pi  powenko
```

🎬 **教學影片**

請見 *5-1-1-ls.mp4* 影片檔。

5.1.2　cd——移動路徑

移動現在工作的路徑。當登入系統的時候，每一個使用者都會有自己獨特的工作路徑，以 Raspberry Pi 系統為例，如果用 pi 這個名稱登入，事實上登入的路徑便是 /home/pi。

語法

```
cd: usage: cd [-L|[-P [-e]]] [dir]
```

使用範例

回上一層工作路徑

```
$ cd ..
```

回到使用者的登入路徑

```
$ cd
```

移動到特定的路徑

```
$ cd /usr
```

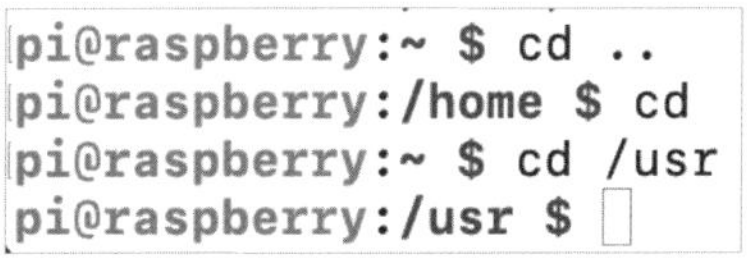

```
pi@raspberry:~ $ cd ..
pi@raspberry:/home $ cd
pi@raspberry:~ $ cd /usr
pi@raspberry:/usr $
```

圖 5-4 cd 執行結果

─── 教學影片 ─────────────────────
請見 *5-1-2-cd.mp4* 影片檔。

5.1.3 mkdir——建立目錄

用來建立一個工作的文件夾。

語法

```
mkdir [選項]... 文件夾名稱...
```

◉ **使用範例**

建立一個新的資料夾

若要建立一個新的資料夾名稱叫做 b，只要執行 mkdir，就可以建立一個新的資料夾。

```
$ mkdir b
```

```
pi@raspberry:/usr $ cd ~
pi@raspberry:~ $ ls
Documents  Downloads  Music  Pictures  Videos
pi@raspberry:~ $ mkdir b
pi@raspberry:~ $ ls
b Documents  Downloads  Music  Pictures  Videos
pi@raspberry:~ $ cd b
pi@raspberry:~/b $
```

圖 5-5 mkdir 執行結果

📽 **教學影片**

請見 *5-1-3-mkdir.mp4* 影片檔。

5.1.4 cp——檔案複製

cp 是檔案複製的指令，如果想複製檔案的話，就可透過此指令來達成。

◉ **語法**

```
cp [選項]... [-T] SOURCE DEST
cp [選項]... SOURCE... DIRECTORY
cp [選項]... -t DIRECTORY SOURCE...
```

◉ **使用範例**

複製一個檔案

想複製一個檔案 my.sh 到另外的名稱 powenko.sh，只要下這樣的指令即可。

```
$ cp my.sh powenko.sh
```

```
pi@raspberry:~ $ ls
b  Documents  Downloads  Music  my.sh  Pictures  Videos
pi@raspberry:~ $ cp my.sh powenko.sh
pi@raspberry:~ $ ls
b  Documents  Downloads  Music  my.sh  Pictures  powenko.sh  Videos
```

圖 5-6 cp 執行結果

複製檔案 my.sh 到路徑 a

如果想複製檔案 my.sh 到路徑 a 文件夾之內，就直接輸入以下的指令即可。

```
$ cp my.sh a
```

```
pi@raspberry:~ $ ls
b  Documents  Downloads  Music  my.sh  Pictures  powenko.sh  Videos
pi@raspberry:~ $ mkdir a
pi@raspberry:~ $ cp my.sh a
pi@raspberry:~ $ ls a
my.sh
pi@raspberry:~ $ ▮
```

圖 5-7 執行結果

複製檔案 my.sh 到路徑 a 並改檔名

如果想複製檔案 my.sh 到路徑 a，並更改檔名為 p1.sh，直接輸入以下的指令即可。

```
$ cp my.sh a/p1.sh
```

🎬 教學影片

請見 *5-1-4-cp.mp4* 影片檔。

5.1.5 rm——檔案刪除

rm 是刪除檔案的指令。

◉ 語法

```
rm [選項]... 檔案名...

-a
```

◎ 使用範例

刪除特定的檔案

如果想刪除特定的檔案如 powenko.sh，只要執行以下指令即可。

```
$ rm powenko.sh
```

```
pi@raspberry:~ $ ls
a  b  Documents  Downloads  Music  my.sh  Pictures  powenko.sh  Videos
pi@raspberry:~ $ rm powenko.sh
pi@raspberry:~ $ ls
a  b  Documents  Downloads  Music  my.sh  Pictures  Videos
pi@raspberry:~ $ █
```

圖 5-8　rm 執行結果

刪除特定的文件夾裡所有的子目錄

想刪除特定的文件夾，並連同裡面相關的檔案和子文件夾整個刪除的話，可以透過 -rf 參數。例如要刪除一個名稱為 a 的文件夾，並連同其底下的子目錄也一併刪除。

```
$ rm -rf a
```

```
pi@raspberrypi ~ $ ls
a               Desktop            indiecity      mycode.py     python_games  shairport
blink11.py      Documents          isgh.sh        my.sh         radio.py
boottoscratch   gmrender-resurrect mp3player2.py  ocr_pi.png    Scratch
code            GPIOexample.sb     mp3player.py   PiAUISuite    scratchgpio4
pi@raspberrypi ~ $ cd a
pi@raspberrypi ~/a $ ls
b  c  my.sh  p1.sh
pi@raspberrypi ~/a $ cd ..
pi@raspberrypi ~ $ rm -rf a
pi@raspberrypi ~ $ ls
blink11.py      Documents          isgh.sh        my.sh         radio.py
boottoscratch   gmrender-resurrect mp3player2.py  ocr_pi.png    Scratch
code            GPIOexample.sb     mp3player.py   PiAUISuite    scratchgpio4
Desktop         indiecity          mycode.py      python_games  shairport
```

圖 5-9　rm -rf 執行結果

📺 教學影片

請見 *5-1-5-rm.mp4* 影片檔。

5.1.6　rmdir——刪除文件夾

rmdir 專門用來刪除文件夾，但是如果資料夾裡面還有其他的檔案，建議使用 rm -rf 路徑名來刪除資料夾。

◉ 語法

```
rmdir [選項]... 路徑...
```

◉ 使用範例

刪除一個空的文件夾

如果想刪除一個空的文件夾，只要直接輸入 rmdir 文件夾的路徑即可。

例如要刪除 a 這個文件夾。

```
$ rmdir a
```

```
pi@raspberry:~ $ ls
a  b  Documents  Downloads  Music  my.sh  Pictures  Videos
pi@raspberry:~ $ cd a
pi@raspberry:~/a $ rm *.*
pi@raspberry:~/a $ cd ..
pi@raspberry:~ $ rmdir a
pi@raspberry:~ $ ls
b  Documents  Downloads  Music  my.sh  Pictures  Videos
pi@raspberry:~ $ 
```

圖 5-10　執行結果

刪除文件夾並刪除檔案

如果文件夾下有資料的話，建議用 rm -rf 路徑才能夠刪除。例如要刪除 a 這個有檔案的文件夾。

```
$ rm -rf a
```

```
pi@raspberry:~ $ ls
a  b  Documents  Downloads  Music  my.sh  Pictures  Videos
pi@raspberry:~ $ rm -rf a
pi@raspberry:~ $ ls
b  Documents  Downloads  Music  my.sh  Pictures  Videos
pi@raspberry:~ $ 
```

圖 5-11　執行結果

🎬 **教學影片**

請見 *5-1-6-rmdir.mp4* 影片檔。

5.1.7　mv──檔案或路徑的搬移

mv 移動檔案或目錄的指令。

◉ **語法**

```
mv [選項]... [-T] SOURCE DEST
mv [選項]... SOURCE... DIRECTORY
mv [選項]... -t DIRECTORY SOURCE...
```

◉ **使用範例**

搬移檔案

將檔案由 my.sh 搬移到 a 文件夾下的 mv.sh。

```
$ mv my.sh a/mv.sh
```

```
pi@raspberry:~ $ ls
a  b  Documents  Downloads  Music  my.sh  Pictures  Videos
pi@raspberry:~ $ cp my.sh a/mv.sh
pi@raspberry:~ $ ls a
mv.sh
```

圖 5-12　執行結果

改變檔名

更換檔名，由檔名 mv.sh 換成 my.sh。

```
$ mv mv.sh my.sh
```

```
pi@raspberry:~/a $ ls
mv.sh
pi@raspberry:~/a $ mv mv.sh my.sh
pi@raspberry:~/a $ ls
my.sh
```

圖 5-13　執行結果

搬移文件夾

將文件夾檔案由 a 文件夾，搬移到 b 文件夾之下。

```
$ mv a b/
```

```
pi@raspberry:~ $ ls
a  Documents  Downloads  Music  my.sh  Pictures  Videos
pi@raspberry:~ $ mv a b/
pi@raspberry:~ $ ls
b  Documents  Downloads  Music  my.sh  Pictures  Videos
```

圖 5-14 執行結果

───🎬 **教學影片** ─────────────────────────────────

請見 *5-1-7-mv.mp4* 影片檔。

───

5.1.8 find──找檔案

find 尋找該檔名的檔案所在位置。

◉ 語法

```
find [-H] [-L] [-P] [-Olevel] [-D help|tree|search|stat|rates|opt|exec]
[path...] [expression]

-a
```

◉ 使用範例

在現在的路徑找檔案中以.py 結尾的檔案

在現在的路徑之下，找檔案中以.py 結尾的所有檔案。

```
$ find . -name '*.py'
```

```
pi@raspberry:~ $ find . -name '*.py'
./1.py
```

圖 5-15 執行結果

在現在的路徑，找檔案名稱是 wormy.py 的檔案所在位置。

```
$ find . -name 'wormy.py'
```

在系統的根目錄，找檔案名稱是 wormy.py 的檔案所在位置。

```
$ find / -name 'wormy.py'
```

```
pi@raspberry:~ $ find . -name 'wormy.py'
./wormy.py
pi@raspberry:~ $ sudo find / -name 'wormy.py'
```

圖 5-16 執行結果

尋找在／之下所有開頭為 abc 的檔案名稱。

```
$ find / -name 'abc*'
```

 提醒 使用 find 時，建議用 sudo 的方法來找資料，不然會有很多路徑沒有權限查看。

例如

```
$ sudo find / -name 'wormy.py'
```

📺 教學影片

請見 5-1-8-find.mp4 影片檔。

5.1.9 df——查看硬碟空間

df 是用來查看硬碟空間的指令。由於目前的檔案都建立在根目錄「／」下，可以知道現在的空間全部有多少、還剩下多少、使用了多少。

◎ 語法

```
df [選項]... [檔案]...
```

⚛ **使用範例**

硬碟空間

列出系統下所有連接的硬碟，現在有的空間，連接到外接式硬體的空間也都看得到。

```
$ df
```

```
pi@raspberry:~ $ df
Filesystem      1K-blocks      Used  Available  Use%  Mounted on
/dev/root       30342256   8809160   20242824   31%  /
devtmpfs         3834160         0    3834160    0%  /dev
tmpfs            3999920         0    3999920    0%  /dev/shm
tmpfs            1599972      1276    1598696    1%  /run
tmpfs               5120         4       5116    1%  /run/lock
/dev/mmcblk0p1    261108     31228     229880   12%  /boot
tmpfs             799984        28     799956    1%  /run/user/1000
tmpfs             799984        24     799960    1%  /run/user/1001
```

圖 5-17 執行結果

df 出現的結果：

- Filesystem 是 SD 卡的分割。

- Used 是指使用掉的硬碟空間（KB）。

- Available 是剩下空間。

- Mounted on 則是這顆硬碟代表哪一個目錄。

🎬 **教學影片**

請見 *5-1-9-df.mp4* 影片檔。

5.2 系統管理

5.2.1 sudo 和 su 超級管理者

- su：轉換現在登入者的名稱，到超級管理者的最高權限。

- exit：離開超級管理者的最高權限。

- sudo：暫時用超級管理者的最高權限來執行指令。

◉ 語法

```
su
sudo    [指令]
```

◉ 使用範例

轉換到管理者權限

如果想要轉換到管理者權限，可以使用以下指令。

```
$ sudo su
```

透過管理者權限可以執行或處理特別的事務，要離開管理者權限時，只要透過 exit 就可以恢復到原本的帳號。

```
pi@raspberrypi:~ $ sudo su
root@raspberrypi:/home/pi# ls
Bookshelf  Desktop  Documents  Downloads  Music  Pictures  Public  Templates  Videos
root@raspberrypi:/home/pi# exit
exit
pi@raspberrypi:~ $
```

圖 5-18 執行結果

暫時使用 Root 超級管理者的權限來執行後面的指令。比如想要看一下系統根目錄的檔案，透過以下指令即可顯示所有權限的檔案的功能。

```
$ sudo ls /
```

```
pi@raspberrypi:~ $ sudo ls /
bin   dev  home  lost+found  mnt  proc  run   srv   tmp  var
boot  etc  lib   media       opt  root  sbin  sys   usr
pi@raspberrypi:~ $
```

圖 5-19 執行結果

🎬 教學影片

請見 *5-2-1-sudo-su.mp4* 影片檔。

5.2.2　passwd──修改密碼

基於安全考量，建議可以修改登入者的密碼。passwd 是用來更改密碼的指令，只要在輸入 passwd 後，輸入舊的密碼做認證，再輸入兩次新的密碼即可。不過要注意密碼的形式不能與帳號相同，且需要 8 個字元以上；另外，密碼也不能太簡單，否則系統會要求更換別組密碼。

◉ 語法

```
passed
```

◉ 使用範例

如果要修改密碼，請執行以下的指令。

```
$ passwd
```

```
pi@raspberrypi:~ $ passwd
Changing password for pi.
Current password:
New password:
Retype new password:
passwd: password updated successfully
pi@raspberrypi:~ $
```

圖 5-20　passwd 執行結果

請記住修改後的密碼，重新開機後，就必須輸入新的密碼。

🎬 教學影片

請見 *5-2-2-passed.mp4* 影片檔。

5.2.3　adduser──建立新的登入帳號

adduser，是用來建立新登入帳號及添加新使用者的指令。

◉ 語法

```
sudo adduser　帳號名
```

◉ 使用範例

例如想建立一個新的使用者帳號叫做 powenko1，只要執行以下的指令，並且輸入密碼兩次及填上基本的資料（也可以填寫任何資料），即可建立一個新的帳號。

```
$　sudo adduser powenko1
```

```
pi@raspberrypi:~ $ sudo adduser powenko1
Adding user `powenko1' ...
Adding new group `powenko1' (1001) ...
Adding new user `powenko1' (1001) with group `powenko1' ...
Creating home directory `/home/powenko1' ...
Copying files from `/etc/skel' ...
New password:
Retype new password:
passwd: password updated successfully
Changing the user information for powenko1
Enter the new value, or press ENTER for the default
        Full Name []: powen ko
        Room Number []: 1
        Work Phone []: 123123
        Home Phone []: 123123
        Other []:
Is the information correct? [Y/n] Y
pi@raspberrypi:~ $
```

圖 5-21　執行結果

📽 教學影片

請見 *5-2-3-adduser.mp4* 影片檔。

5.2.4　clear——畫面清空

clear 此功能是把畫面清空。

◉ 語法

```
clear
```

◉ 使用範例

若畫面有太多的資料，可以透過 clear 把畫面清除。只要執行以下的指令就可以了。

```
$ clear
```

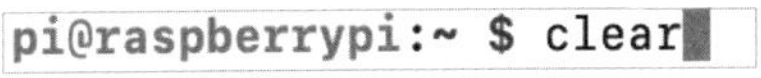

圖 5-22 clear 執行結果

教學影片

請見 *5-2-4-clear.mp4* 影片檔。

5.2.5 halt, shutdown, reboot 關機

- halt 關機

- shutdown 關機

- reboot 重新開機

因為 Raspberry Pi 的硬體上沒有特定的硬體按鍵來做關機，筆者建議如果要關機，可透過底下指令來完全關閉系統，之後再關閉電源。

◉ 語法

```
sudo halt
sudo shutdown now
sudo reboot
```

◉ 使用範例

如果想刪除特定的檔案 powenko.sh，只要執行以下指令即可。

```
$ sudo halt
```

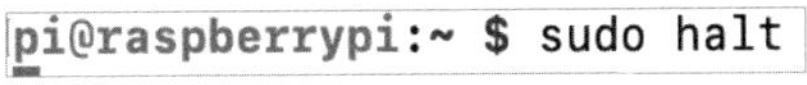

圖 5-23 執行結果

提醒　除了 sudo halt 指令之外，也可以用另外一個指令達到這樣的功能。

```
$ sudo shutdown now
```

📽 教學影片

請見 *5-2-5-halt.mov* 影片檔。

5.2.6　ps 系統中的程式和 Service

覺得 Raspberry Pi 使用一段時間後，執行速度越來越慢嗎？很可能是因為系統執行太多程式，您可以透過 ps -aux 查看系統使用程式的情況。

⦿ 語法

```
ps [選項]
```

⦿ 使用範例

只要執行 ps -aux 就可以看到現在正在執行的程式，以及有多少個應用程序在後面執行。

```
$ ps -aux
```

```
pi@raspberrypi:~ $ ps -aux
USER        PID %CPU %MEM    VSZ   RSS TTY      STAT START   TIME COMMAND
root          1  1.1  0.1 166876 10244 ?        Ss   17:41   0:02 /sbin/init splash
root          2  0.0  0.0      0     0 ?        S    17:41   0:00 [kthreadd]
root          3  0.0  0.0      0     0 ?        I<   17:41   0:00 [rcu_gp]
root          4  0.0  0.0      0     0 ?        I<   17:41   0:00 [rcu_par_gp]
root          5  0.0  0.0      0     0 ?        I<   17:41   0:00 [netns]
root          6  0.0  0.0      0     0 ?        I    17:41   0:00 [kworker/0:0-mm_pe
root          7  0.0  0.0      0     0 ?        I<   17:41   0:00 [kworker/0:0H-even
root          8  0.4  0.0      0     0 ?        I    17:41   0:01 [kworker/u8:0-even
root          9  0.0  0.0      0     0 ?        I<   17:41   0:00 [mm_percpu_wq]
root         10  0.0  0.0      0     0 ?        S    17:41   0:00 [rcu_tasks_kthre]
root         11  0.0  0.0      0     0 ?        S    17:41   0:00 [rcu_tasks_rude_]
root         12  0.0  0.0      0     0 ?        S    17:41   0:00 [rcu_tasks_trace]
root         13  0.0  0.0      0     0 ?        S    17:41   0:00 [ksoftirqd/0]
root         14  0.1  0.0      0     0 ?        I    17:41   0:00 [rcu_preempt]
```

圖 5-24　執行結果

透過 ps 指令，可以看到執行程式的運作情況：

* USER：使用者的帳號。

* PID：程式的代號。

* %CPU：占用多少的 CPU 百分比。

* %MEM：使用的記憶體比例。

* COMMAND：程式的名稱。

🎬 **教學影片**

請見 *5-2-6-ps.mp4* 影片檔。

5.2.7 Kill——刪除系統中的程式

如果想刪除系統中特定的應用程式，這時候 kill 指令就可以派上用場。

◉ **語法**

```
kill [應用程式 PID]
```

◉ **使用範例**

可以透過 ps -aux 看到現在正在執行的程式，並可以刪除特定的應用程式。例如想要刪除某一個特定的應用程式，只要知道該應用程式的處理代號（PID）就可以刪除，這個指令需要透過管理者權限才能順利執行，只要在指令前加上 sudo 即可。

```
$ sudo kill 1578
```

```
pi@raspberrypi:~ $ sudo kill 1578
pi@raspberrypi:~ $ ▉
```

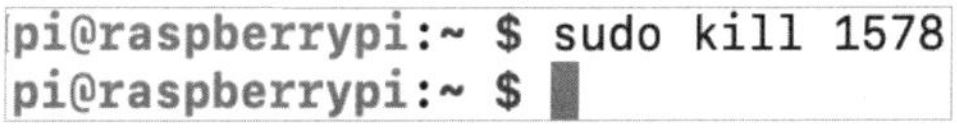

圖 5-25 執行結果

🎬 **教學影片**

請見 *5-2-7-kill.mp4* 影片檔。

5.2.8　userdel——刪除使用者

adduser 可用來建立新的登入帳號。如果想要刪除使用者的帳號，就可以使用 userdel 這個指令。

◉ 語法

```
userdel  [帳號]
```

◉ 使用範例

可以透過 userdel 刪除使用者帳號，例如想要刪掉一個使用者帳號 powenko1，可以透過以下指令。

```
$sudo  userdel powenko1
```

如果除了刪除使用者帳號之外，同時也想刪除該帳號的相關檔案，透過 userdel -r 的參數就可以做到。例如想要刪掉一個使用者帳號 powenko1，並刪除該帳號的檔案，可以透過以下指令。

```
$sudo  userdel -r powenko1
```

```
pi@raspberrypi:~ $ sudo userdel powenko1
pi@raspberrypi:~ $
```

圖 5-26　執行結果

📽 教學影片

請見 *5-2-8-userdel.mp4* 影片檔。

5.3　網路管理

5.3.1　ifconfig——網路情況

透過 ifconfig 可以了解現在網路連線的情況，與得知現在的 IP 網路位址。

◉ 語法

```
ifconfig  [指令]
```

◉ 使用範例

透過以下的指令，即可取得現在 Raspberry Pi 的網路連線狀況。

```
$ ifconfig
```

```
pi@raspberrypi:~ $ ifconfig
eth0: flags=4099<UP,BROADCAST,MULTICAST>  mtu 1500
        ether dc:a6:32:ae:86:bf  txqueuelen 1000  (Ethernet)
        RX packets 0  bytes 0 (0.0 B)
        RX errors 0  dropped 0  overruns 0  frame 0
        TX packets 0  bytes 0 (0.0 B)
        TX errors 0  dropped 0 overruns 0  carrier 0  collisions 0

lo: flags=73<UP,LOOPBACK,RUNNING>  mtu 65536
        inet 127.0.0.1  netmask 255.0.0.0
        inet6 ::1  prefixlen 128  scopeid 0x10<host>
        loop  txqueuelen 1000  (Local Loopback)
        RX packets 25  bytes 2614 (2.5 KiB)
        RX errors 0  dropped 0  overruns 0  frame 0
        TX packets 25  bytes 2614 (2.5 KiB)
        TX errors 0  dropped 0 overruns 0  carrier 0  collisions 0

wlan0: flags=4163<UP,BROADCAST,RUNNING,MULTICAST>  mtu 1500
        inet 192.168.0.184  netmask 255.255.255.0  broadcast 192.168.0.255
        inet6 fe80::333f:5a79:50f4:fa0f  prefixlen 64  scopeid 0x20<link>
        ether dc:a6:32:ae:86:c0  txqueuelen 1000  (Ethernet)
        RX packets 1541  bytes 779747 (761.4 KiB)
        RX errors 0  dropped 0  overruns 0  frame 0
        TX packets 1290  bytes 211737 (206.7 KiB)
        TX errors 0  dropped 0 overruns 0  carrier 0  collisions 0
```

圖 5-27　執行結果

以筆者為例，Raspberry Pi 上面有 eth0 網路卡和 wlan0 的無線網路卡，而 wlan0 的無線網路卡已經順利連接網路，網址是 192.168.x.x。

🖵 教學影片

請見 *5-3-1-ifconfig.mp4* 影片檔。

5.3.2　ping──了解現在網路連線的情況

ping 可以用來查詢網路上的機器是否連線。

◉ 語法

```
ping [參數][網路位置]
```

- c 次數：送幾次封包給這台主機，然後等待回應。

- d：設定 SO_DEBUG 選項。

- f：大量且快速的送網路封包給一台主機，看它的回應。

- i 秒數：設定幾秒鐘送一次封包給一台主機，預設值為 1 秒。

- q：不顯示傳送封包的資訊，只顯示最後結果。

- l：在一定的時間內，送出幾次的請求連線的參數。

◉ 使用範例

可以透過以下的指令知道 *www.yahoo.com* 的連線狀況和網路的速度，並得知該網站的 IP 位置，要離開 ping 可以按下 Ctrl+C 就能關閉程式。

```
$ ping yahoo.com
```

```
pi@raspberrypi:~ $ ping yahoo.com
PING yahoo.com (74.6.143.25) 56(84) bytes of data.
64 bytes from media-router-fp73.prod.media.vip.bf1.yahoo.com (74.6.143.25): icmp_
seq=1 ttl=45 time=191 ms
64 bytes from media-router-fp73.prod.media.vip.bf1.yahoo.com (74.6.143.25): icmp_
seq=2 ttl=45 time=192 ms
64 bytes from media-router-fp73.prod.media.vip.bf1.yahoo.com (74.6.143.25): icmp_
seq=3 ttl=45 time=190 ms
64 bytes from media-router-fp73.prod.media.vip.bf1.yahoo.com (74.6.143.25): icmp_
seq=4 ttl=45 time=189 ms
64 bytes from media-router-fp73.prod.media.vip.bf1.yahoo.com (74.6.143.25): icmp_
seq=5 ttl=45 time=193 ms
64 bytes from media-router-fp73.prod.media.vip.bf1.yahoo.com (74.6.143.25): icmp_
seq=6 ttl=45 time=191 ms
64 bytes from media-router-fp73.prod.media.vip.bf1.yahoo.com (74.6.143.25): icmp_
seq=7 ttl=45 time=190 ms
64 bytes from media-router-fp73.prod.media.vip.bf1.yahoo.com (74.6.143.25): icmp_
seq=8 ttl=45 time=195 ms
```

圖 5-28　執行結果

也可以透過這個指令，知道特定的 IP 位置的機器是否連線和它的網路速度。以區域網路的 192.168.0.105 這台機器為例。

```
$ ping 192.168.0.105
```

```
pi@raspberrypi:~ $ ping 192.168.0.105
PING 192.168.0.105 (192.168.0.105) 56(84) bytes of data.
From 192.168.0.184 icmp_seq=1 Destination Host Unreachable
From 192.168.0.184 icmp_seq=2 Destination Host Unreachable
From 192.168.0.184 icmp_seq=5 Destination Host Unreachable
From 192.168.0.184 icmp_seq=6 Destination Host Unreachable
```

圖 5-29　執行結果

🎬 教學影片

請見 *5-3-2-ping.mp4* 影片檔。

5.3.3　wget──下載檔案

wget 可以下載 http 網址的檔案。

◉ 語法

```
wget [網路位置]
```

◉ 使用範例

可以透過以下的指令下載 *http://www.powenko.com/download_release/1.png* 圖片。

```
$ wget http://www.powenko.com/download_release/1.png
```

```
pi@powenko:~ $ cd Desktop/
pi@powenko:~/Desktop $ wget http://www.powenko.com/download_release/1.png
--2020-11-03 22:50:25-- http://www.powenko.com/download_release/1.png
Resolving www.powenko.com (www.powenko.com)... 74.208.236.30
Connecting to www.powenko.com (www.powenko.com)|74.208.236.30|:80... connected.
HTTP request sent, awaiting response... 200 OK
Length: 62138 (61K) [image/png]
Saving to: '1.png'

1.png            100%[============>]  60.68K   144KB/s    in 0.4s

2020-11-03 22:50:26 (144 KB/s) - '1.png' saved [62138/62138]
```

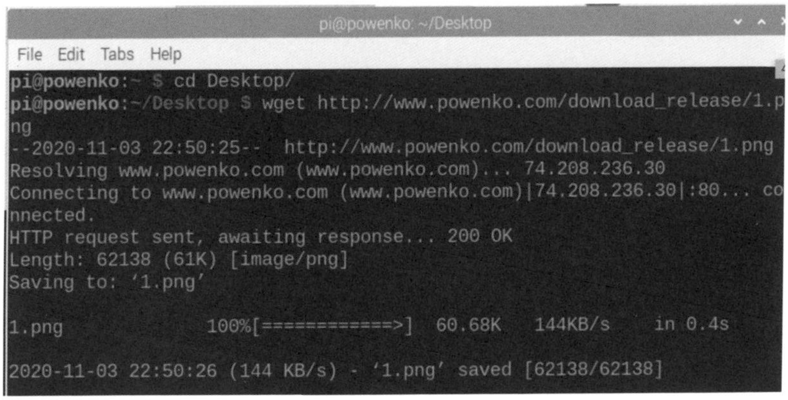

圖 5-30　執行結果

🎬 教學影片

請見 *5-3-3-wget.mp4* 影片檔。

5.4 檔案壓縮

5.4.1 tar 壓縮 tar.gz

tar 是 Linux 上常見的壓縮和解壓縮指令。壓縮後的檔案為 tar.gz。

◉ 語法

```
tar  [指令]
```

◉ 使用範例

可以透過以下的指令,把特定路徑的檔案整個壓縮起來成為一個壓縮檔。例如有個文件夾叫做 a,希望壓縮後的檔名為 powenko.tar.gz,就可透過下面的指令。

```
$ tar -zcvf powenko.tar.gz a
```

```
pi@raspberrypi:~ $ tar -zcvf powenko.tar.gz a
a/
a/1.txt
pi@raspberrypi:~ $ ls
a             Desktop     Downloads   Pictures         Public      Videos
Bookshelf     Documents   Music       powenko.tar.gz   Templates
```

圖 5-31 執行結果

要解開的話,可以透過以下的指令,把檔案整個解開。

```
$ tar -zxvf powenko.tar.gz
```

```
pi@raspberrypi:~ $ rm -rf a
pi@raspberrypi:~ $ ls
Bookshelf   Documents   Music      powenko.tar.gz   Templates
Desktop     Downloads   Pictures   Public           Videos
pi@raspberrypi:~ $ tar -zxvf powenko.tar.gz
a/
a/1.txt
pi@raspberrypi:~ $ ls
a             Desktop     Downloads   Pictures         Public      Videos
Bookshelf     Documents   Music       powenko.tar.gz   Templates
```

圖 5-32 執行結果

🎬 教學影片

請見 *5-4-1-tar.mp4* 影片檔。

5.4.2 gzip 壓縮

gzip 也是 Linux 上常見的壓縮和解壓縮指令，壓縮後的檔案副檔名是 gZ。但比較麻煩的是，gzip 在處理壓縮整個文件夾時會有問題，它無法把整個文件夾壓縮成一個檔案，建議如果要壓縮一整個文件夾，使用 tar 會比較方便。

◉ **語法**

```
gzip [指令] [檔案]
```

◉ **使用範例**

可以透過以下指令把特定路徑內的資料整個壓縮起來，例如想壓縮 1.txt 檔案，即可透過下面的指令。

```
$ gzip -r a
```

如果想解開特定的檔案，可以透過以下的指令。

```
$ gzip -d 1.txt.gz
```

```
pi@raspberrypi:~ $ ls
1.txt  Bookshelf  Documents  Music      Public     Videos
a      Desktop    Downloads  Pictures   Templates
pi@raspberrypi:~ $ gzip 1.txt
pi@raspberrypi:~ $ ls
1.txt.gz  Bookshelf  Documents  Music     Public     Videos
a         Desktop    Downloads  Pictures  Templates
pi@raspberrypi:~ $ gzip -d 1.txt.gz
pi@raspberrypi:~ $ ls
1.txt  Bookshelf  Documents  Music      Public     Videos
a      Desktop    Downloads  Pictures   Templates
```

圖 5-33 執行結果

🎬 教學影片

請見 *5-4-2-gzip.mp4* 影片檔。

5.5　Linux 檔案結構

底下的圖表是說明根目錄下的每一個文件夾的功能，對 Linux 來說大多都是系統專用的文件，請勿任意修改和刪除。

目錄名稱	說明
bin	系統的一些重要執行檔
boot	系統開機的一些載入檔
dosc	開機時把 dos 檔案系統掛上來的地方
etc	系統設定檔
home	使用者的自家目錄所在、ftp server
lib	基本函數庫
Lost+found	系統檢查結果
media	多媒體檔案的位置
mnt	可以掛上其他檔案系統
opt	程式放置函示庫和資料的路徑
proc	整個系統運作資訊
root	系統管理者的自家目錄所在
run	系統進行服務軟體運作管理處
sys	與 /proc 類似，但主要針對硬體相關參數
tmp	瑣碎的東西
usr	應用程式
var	記載著各種系統上的變數的地方

5.5.1　/proc 下的檔案結構

◉ /proc 下的檔案介紹

- cpu：顯示有關 CPU 的訊息。

- devices-tree：區塊設備、字元設備。

- filesystems：目前核心支援的檔案系統。

- interrupts：中斷向量值、中斷次數。

- ioports：系統中每個設備的輸出／輸入埠的位址範圍。

- meminfo：記憶體分配狀態。

5.6 必背的 Linux 指令

以下列出第 5 章常用的 Linux 重點指令，各位一定要背下來；而其他的指令，可在需要時再來翻閱即可。

- cd 移動路徑。

- ls -al 要顯示的路徑。

- cp 來源檔案目的檔案。

- sudo 要用超級管理員權限執行的指令。

- sudo rm -rf 要刪除目錄。

- wget 要下載的路徑。

- sudo apt-get install 要安裝的軟體名稱。

- sudo find ／ -name "要搜尋的檔案名稱"。

- nano 要用編輯的檔案路徑。

CHAPTER

6

架設網站伺服器

本章重點

Raspberry Pi 在一開始就提到如何安裝 Web Server 伺服器、架設網站,是因為之後的內容會提到硬體的控制。為了讓讀者操作完整個流程後,可以直接透過手機或網頁來控制 Raspberry Pi 的硬體,讓 Raspberry Pi 成為智慧家庭的中心,並且控制家中的電器用品,因而先分享如何架設 Web Server 伺服器。

本章說明如何架設 Web Server 伺服器,並安裝網管人員常用的軟體,完成之後,就是安裝完一整套的 LAMP。

何謂 LAMP,分別是:

- Linux:已經架設成功,即現在使用的 Raspberry Pi 的 Debian Linux 系統。

- Apache:webserver (http) software,也是本章的重點所在!

- MySQL:database server 資料庫伺服器。

- PHP 或 Perl:網頁程式。

如此就可以把 Raspberry Pi 架設為伺服器階級的系統!千萬別小看 Raspberry Pi 小兵立大功的本領,在之前的章節曾提到,很多公司現在都用數台 Raspberry Pi 來架設伺服器,效能不比一台要價數十萬的企業版伺服器差。

6.1　建立 Web Server 網站──Apache2

網路上可以安裝 Web Server 網頁伺服器的版本琳瑯滿目,本節將介紹伺服器等級的 apache2 的安裝與使用。

◉ 硬體準備

- Raspberry Pi 板子

- 網路線或無線網路

◉ 專案目的

把網路接到 Raspberry Pi 上面,並依以下的步驟,順利設定網頁伺服器。

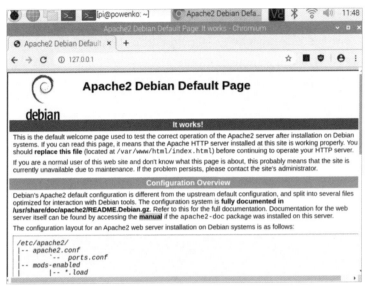

圖 6-1　架設網頁伺服器

步驟

STEP 1 更新 apt-get。

因為需要從網路下載最新版本的軟體，所以請先更新 apt-get，請在文字模式 Terminal 下，執行下面的指令。

```
$sudo apt-get update
$sudo apt-get upgrade
```

```
pi@raspberrypi:~ $ sudo apt-get update
Hit:1 http://deb.debian.org/debian bullseye InRelease
Hit:2 http://deb.debian.org/debian bullseye-updates InRelease
Hit:3 http://security.debian.org/debian-security bullseye-security InRelease
Hit:4 http://archive.raspberrypi.org/debian bullseye InRelease
Reading package lists... Done
pi@raspberrypi:~ $ sudo apt-get upgrade
Reading package lists... Done
Building dependency tree... Done
Reading state information... Done
Calculating upgrade... Done
The following package was automatically installed and is no longer required:
  libfuse2
Use 'sudo apt autoremove' to remove it.
The following packages will be upgraded:
  agnostics arandr bind9-host bind9-libs bluez bluez-firmware dbus
  dbus-user-session dbus-x11 dhcpcd5 ffmpeg firmware-atheros
```

圖 6-2　更新 apt-get

STEP 2 安裝網頁伺服器 apache2。

透過 apt-get 安裝 apache2，請在文字模式 Terminal 底下，執行下面的指令，並在「Do you want to continue？（是否要確定安裝？）」輸入「Y」，並且按下「Enter」鍵，即可把網頁伺服器 apache2 安裝到 Raspberry Pi 中。

```
$ sudo apt-get install apache2
```

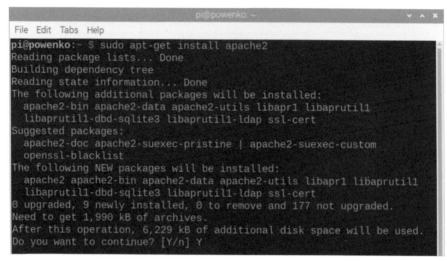

圖 6-3　安裝 apache2 網頁伺服器

STEP 3 調整 html 文件權限。

透過以下指令，調整 html 文件權限。

```
$ sudo chmod -R 777 /var/www/html
```

並可以透過以下指令，確認是否有該網頁的文件夾。

```
$ ls -al /var/www/html
```

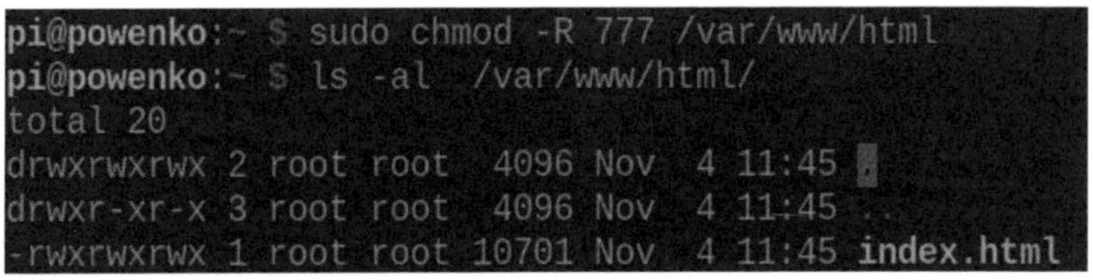

圖 6-4　調整 html 文件權限

STEP 4 重新啟動 Web Server。

透過以下的指令重新啟動 Web Server。

```
$ sudo service apache2 restart
```

圖 6-5　重新啟動 Web Server

STEP 5 測試 apace 2 是否安裝成功。

打開樹莓派的瀏覽器，連接網址到

```
http://127.0.0.1/
```

如果成功就會出現「圖 6-1」，該網頁是顯示/var/www/html/index.html 這一個檔案內容。

📽 教學影片
請見 *6-1-apache2.mp4* 影片檔。

6.2 建立 PHP 伺服器

Linux 的後台程式語言大多是使用 PHP 程式語言，請透過以下的步驟安裝並測試 PHP。

硬體準備

- 　Raspberry Pi 板子

- 　網路線或無線網路

步驟

STEP 1 安裝 PHP 程式語言。

延續上一章的 apache2 的步驟後，透過以下指令，安裝 PHP 程式語言中所需要的 php 和 libapache2-mod-php 這兩套軟體與函示庫。

```
$ sudo apt-get install php libapache2-mod-php
```

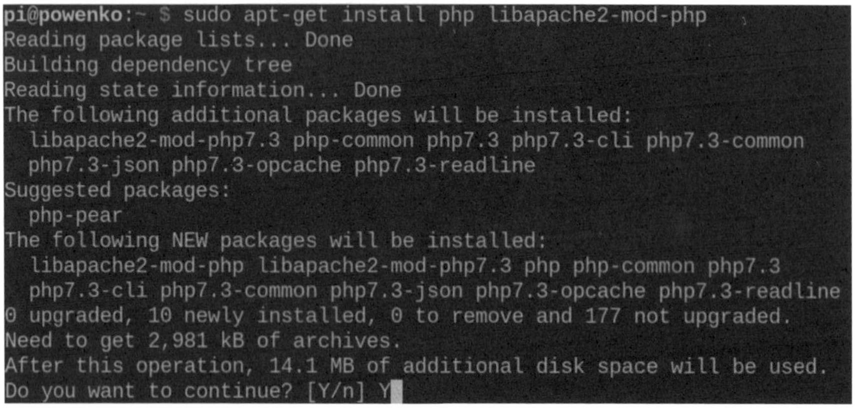

```
pi@powenko:~ $ sudo apt-get install php libapache2-mod-php
Reading package lists... Done
Building dependency tree
Reading state information... Done
The following additional packages will be installed:
  libapache2-mod-php7.3 php-common php7.3 php7.3-cli php7.3-common
  php7.3-json php7.3-opcache php7.3-readline
Suggested packages:
  php-pear
The following NEW packages will be installed:
  libapache2-mod-php libapache2-mod-php7.3 php php-common php7.3
  php7.3-cli php7.3-common php7.3-json php7.3-opcache php7.3-readline
0 upgraded, 10 newly installed, 0 to remove and 177 not upgraded.
Need to get 2,981 kB of archives.
After this operation, 14.1 MB of additional disk space will be used.
Do you want to continue? [Y/n] Y
```

圖 6-6　安裝 PHP 程式語言和模組

STEP 2 撰寫簡單的 PHP 程式。

透過文字編輯軟體來寫個簡單的 PHP 程式。

```
$ sudo nano /var/www/html/my.php
```

請在這個文字編輯軟體中輸入以下資料。

範例程式：sample\ch6\my.php

```
1. <h1>hello PHP, powenko.com </h1>
2. <?php
3. phpinfo();
4. ?>
```

輸入完成後，按下鍵盤的「Ctrl＋O」鍵儲存，並按下鍵盤的「Ctrl＋X」鍵離開 nano
文字編輯軟體。

 注意 為了方便說明，所以前面才會加上行號，在寫程式的時候，不
用輸入這些數字。

◉ 程式解說

- 第 1 行：使用標準的 HTML 顯示一段文字 hello PHP, powenko.com。

- 第 2 行和第 4 行：<?php　?>表示這個範圍內的文字是程式語言，並且是使
  用 PHP 程式語言。

- 第 3 行：PHP 程式語言函數 phpinfo();，是用來顯示機器上安裝的 PHP 程
  式語言的相關資料。

圖 6-7 使用 nano 文字編輯軟體，撰寫 PHP 程式

◎ 執行結果

透過網頁瀏覽器，打開這個 Raspberry Pi 網址，並加上/my.php，例如：

```
http://127.0.0.1/my.php
```

就可以看到這一個 PHP 程式的執行結果，證明剛剛安裝的 PHP 程式語言成功。

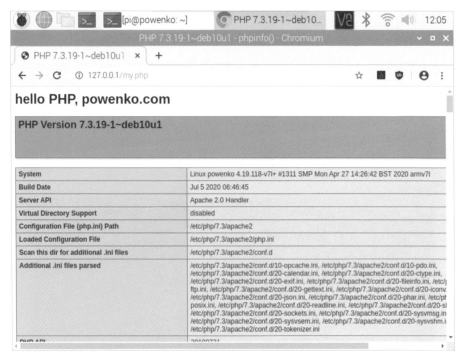

圖 6-8　執行第一個 PHP 程式

 注意 透過 phpinfo(); 顯示出來的 PHP 版本變號，以圖 6-8 為例，上面寫出 PHP Verfsion 7.3.19，意思是剛剛安裝的 PHP 版本編號為 7.3.19。

🎬 教學影片

請見 *6-2-php.mp4* 影片檔。

6.3　建立 MySQL / Mariadb 資料庫伺服器

MariaDB 是 MySQL 關聯式資料庫管理系統的一個復刻，由社群開發，旨在繼續保持在 GNU GPL 下開源。

STEP 1　安裝 MySQL 資料庫工具。

透過以下指令，安裝資料庫和相關的函數，而 php-mysql 模組是提供 PHP 連結 mySQL 資料庫相關的函數與模組。

```
$ sudo apt-get install mariadb-serverphp-mysql -y
```

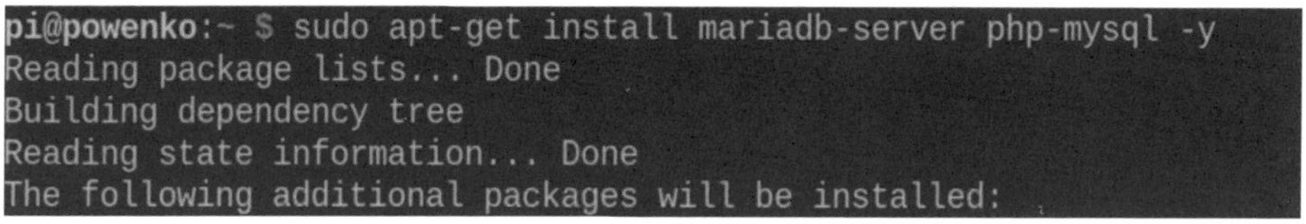

```
pi@powenko:~ $ sudo apt-get install mariadb-server php-mysql -y
Reading package lists... Done
Building dependency tree
Reading state information... Done
The following additional packages will be installed:
```

圖 6-9　安裝 mySQL/mariadb 和 PHP 程式語言和模組

STEP 2　測試資料庫是否安裝成功。

透過以下指令，測試資料庫是否安裝成功。

```
$ sudo mysql
```

執行後如果出現下圖所示，就代表成功，然後輸入指令 exit 或按下「Ctrl+C」鍵，離開程式。

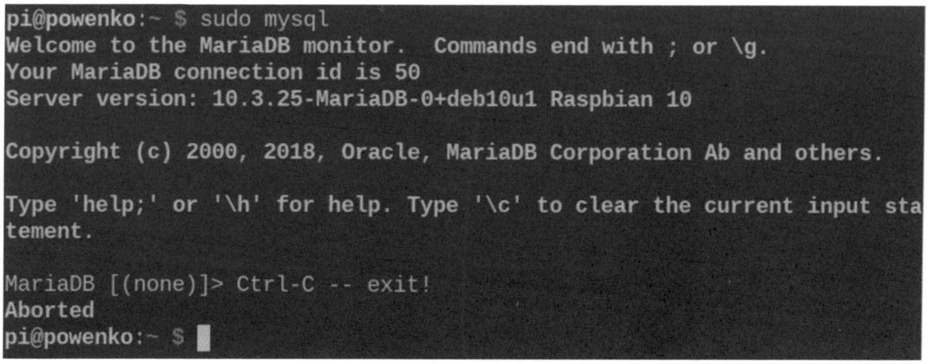

```
pi@powenko:~ $ sudo mysql
Welcome to the MariaDB monitor.  Commands end with ; or \g.
Your MariaDB connection id is 50
Server version: 10.3.25-MariaDB-0+deb10u1 Raspbian 10

Copyright (c) 2000, 2018, Oracle, MariaDB Corporation Ab and others.

Type 'help;' or '\h' for help. Type '\c' to clear the current input sta
tement.

MariaDB [(none)]> Ctrl-C -- exit!
Aborted
pi@powenko:~ $
```

圖 6-10　測試資料庫是否安裝成功

📽 教學影片

請見 *6-3-mysql_Mariadb-install.mp4* 影片檔。

6.4 建立 MySQL / Mariadb 資料庫的使用者帳號

MariaDB 在開始使用前，需要建立使用者的帳號和密碼，請透過以下步驟完成。

STEP 1 進入 MySQL 的程式。

以帳號 root 的使用者權限，進入 MySQL 軟體。

```
$ sudo mysql -u root -p
```

使用時會出現「Enter password:」，請輸入「raspberry」。

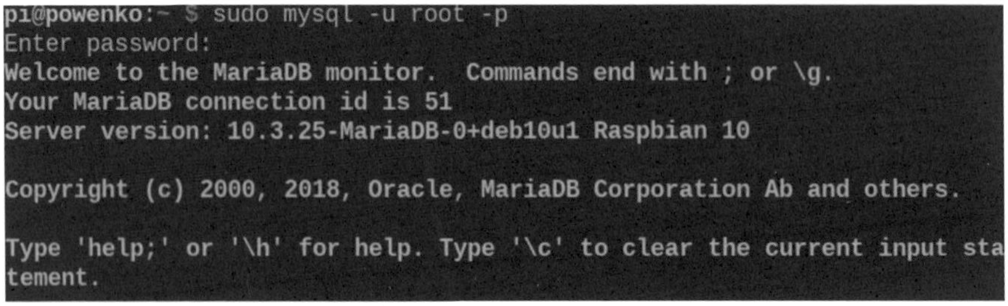

```
pi@powenko:~ $ sudo mysql -u root -p
Enter password:
Welcome to the MariaDB monitor.  Commands end with ; or \g.
Your MariaDB connection id is 51
Server version: 10.3.25-MariaDB-0+deb10u1 Raspbian 10

Copyright (c) 2000, 2018, Oracle, MariaDB Corporation Ab and others.

Type 'help;' or '\h' for help. Type '\c' to clear the current input sta
tement.
```

圖 6-11　以帳號 root 的使用者權限，進入 MySQL 軟體

STEP 2 設定 MySQL 的帳號和密碼。

在「MariaDB [(none)]>」中輸入下面的指示完成設定，因為指令比較長，可以在範例程式中找到「6-4-MySQL_addUser.txt」打開後複製貼上就可以了。

```
CREATE USER 'pi'@'%' IDENTIFIED BY 'raspberry';
```

```
MariaDB [(none)]> CREATE USER 'pi'@'%' IDENTIFIED BY 'raspberry';
Query OK, 0 rows affected (0.007 sec)
```

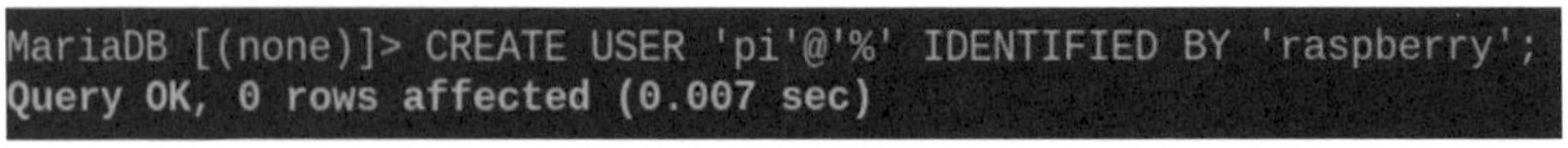

圖 6-12　設定 MySQL 管理者的帳號 root 和密碼 raspberry

這樣就能，新增一個設定 MySQL 管理者的帳號 root 和密碼 raspberry。

STEP 3 設定帳號 pi 的使用權限。

在「MariaDB [(none)]>」中輸入下面的指示，設定帳號 pi 的使用權限

```
GRANT ALL PRIVILEGES ON *.* TO 'pi'@'%' WITH GRANT OPTION;
```

如果輸入成功會出現「Query OK」，並透過以下指令 exit 或「Ctrl+C」鍵離開軟體。

```
exit
```

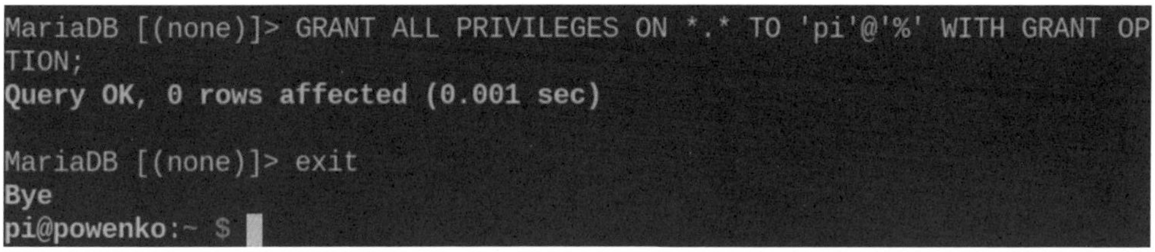

```
MariaDB [(none)]> GRANT ALL PRIVILEGES ON *.* TO 'pi'@'%' WITH GRANT OP
TION;
Query OK, 0 rows affected (0.001 sec)

MariaDB [(none)]> exit
Bye
pi@powenko:~ $
```

圖 6-13　設定帳號 root 的使用權限

教學影片

請見 *6-4-mysql_Mariadb-addUser.mp4* 影片檔。

6.5　安裝 PHPmyAdmin 軟體

透過以下步驟安裝 phpmyadmin 軟體，並設定帳號密碼。

STEP 1 安裝 phpmyadmin 軟體。

透過以下指令安裝 phpmyadmin 軟體。

```
$ sudo apt-get install phpmyadmin -y
```

```
pi@powenko: ~
File Edit Tabs Help
pi@powenko:~ $ sudo apt-get install phpmyadmin -y
Reading package lists... Done
Building dependency tree
Reading state information... Done
The following NEW packages will be installed:
  phpmyadmin
0 upgraded, 1 newly installed, 0 to remove and 177 not upgraded.
Need to get 0 B/3,913 kB of archives.
After this operation, 25.0 MB of additional disk space will be used.
```

圖 6-14 安裝 phpmyadmin 軟體

STEP 2 設定 Configuring phpmyadmin - Web Server 網頁伺服器。

1. 透過「Tab」鍵，跳到 apache2 上面，按下「space」空白鍵勾選*號。

2. 透過「Tab」鍵，跳到<OK>上面，按下「Enter」鍵到下一步。

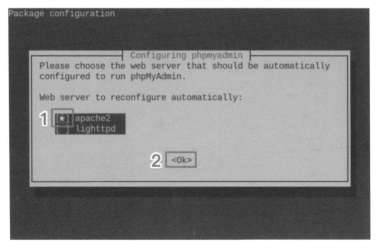

圖 6-15 設定 Configuring phpmyadmin Web Server 網頁伺服器

STEP 3 設定資料庫。

透過「Tab」鍵，跳到<Yes>上面，按下「Enter」鍵進入下一步。

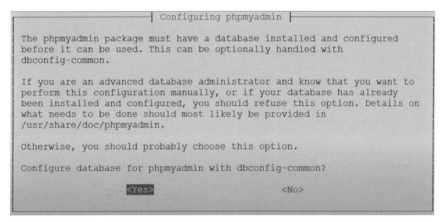

圖 6-16 設定資料庫

STEP 4 定 phpmyadmin 密碼。

1. 請輸入「raspberry」當成帳號 phpmyadmin 密碼。

2. 並透過「Tab」鍵，跳到<OK>上面，按下「Enter」鍵進入設定。

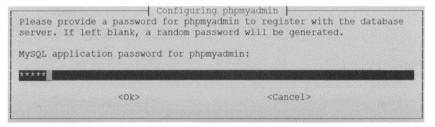

圖 6-17 設定 phpmyadmin 密碼

STEP 5 再次確認 phpmyadmin 密碼。

1. 再次輸入「raspberry」當成帳號 phpmyadmin 密碼。

2. 並透過「Tab」鍵，跳到<OK>上面，按下「Enter」鍵進入設定。

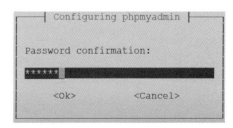

圖 6-18 輸入密碼確認

```
dbconfig-common: dropping old mysql database phpmyadmin.
dropping database phpmyadmin: database does not exist.
creating database phpmyadmin: success.
verifying database phpmyadmin exists: success.
populating database via sql...  done.
dbconfig-common: flushing administrative password
Processing triggers for hicolor-icon-theme (0.17-2) ...
Processing triggers for man-db (2.8.5-2) ...
pi@powenko:~ $
```

圖 6-19　安裝完成

📽 教學影片

請見 *6-5-phpmyadmin-install.mp4* 影片檔。

6.6　進入 PHPmyAdmin 網頁

透過以下步驟安進入 phpmyadmin 網頁。

STEP 1 打開 phpMyAdmin。

1. 打開瀏覽器，輸入網址和 /phpmyadmin 的路徑，就可以進入 phpMyAdmin，例如：*http://127.0.0.1/phpmyadmin*。

2. 可以在此選取 phpmyadmin 顯示的語言。

3. 帳號和密碼，是安裝時設定的帳號 pi 和密碼 raspberry（剛剛所設定的密碼）。

4. 點選「Go」按鈕。

圖 6-20 透過瀏覽器登入並且輸入帳號和密碼

如果順利即可看到底下的畫面，如果無法登入，請確認〈6.4 建立 MySQL/Mariadb
資料庫的使用者帳號〉是否有成功完成。

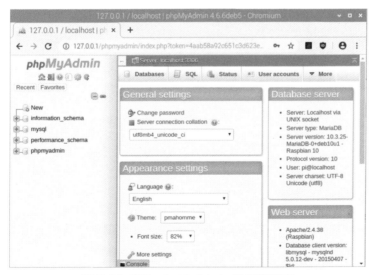

圖 6-21 進入 phpMyAdmin 設定資料庫

📽 教學影片

請見 *6-6-phpmyadmin-login.mp4* 影片檔。

6.7　建立和使用 SFTP 伺服器——SSH 和 FileZilla

安裝 SFTP 伺服器，請參考本書〈3.16 使用 SSH 遠端控制 Raspberry Pi〉把 SSH 勾選後，就已經架設好了，而各位可以透過 SFTP 軟體連線就能直接使用。

在此介紹如何在 Windwos 透過 FileZilla 軟體，將資料和檔案在ＰＣ與樹莓派之間互相傳遞。

STEP 1 安裝 Filezilla 軟體。首先確定請下載「FileZilla Client」軟體，可以在官方網站點選取得 *https://filezilla-project.org/*。

圖 6-22　下載「FileZilla Client」

STEP 2 開啟 Filezilla 軟體。

請安裝和開啟「FileZilla Client」軟體，並點選左上角的連線 icon。

圖 6-23　點選 FileZilla 左上角的連線 icon

STEP 3　設定連線資訊。透過以下步驟設定連線資訊：

1. 點選「New site」新網站，新增一個連線點。

2. 調整連線網站的名稱，取一個方便記憶的好名稱，方便下次直接點選使用。

3. 在「Protocol」連線方式，設定為「SFTP」。

4. 在「Host」被連線設備的網址，請依照實際的樹莓派 IP 位置，進行設定。

5. 在「Port」通訊埠，設定為「22」。

6. 在「User」使用者和「Password」密碼，分別依照樹莓派 SSH 的帳號和密碼輸入，如果沒修改過，其內定值為「pi」和「raspberry」。

7. 點選「Connect」連線。

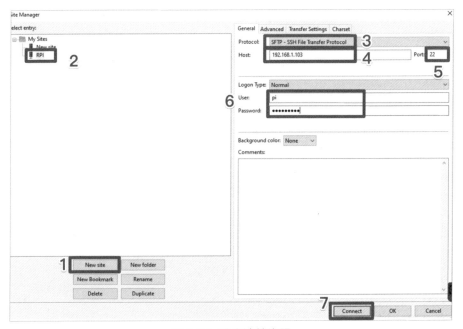

圖 6-24　設定連線資訊

STEP 4 安全性。當第一次使連線到該設備時，會出現安全性的確認，請依下圖勾選，並按下「OK」按鈕到下一步。

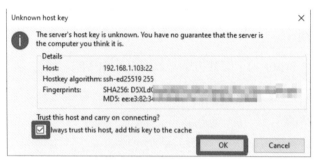

圖 6-25　安全性

STEP 5 上下傳檔。當連線成功後，就會看到左右兩邊類似像檔案總管的畫面，左邊的是本機的檔案，而右邊的是遠端樹莓派的檔案，透過滑鼠把檔案或文件夾相互拖拉，就可以完成檔案下上傳的功能。

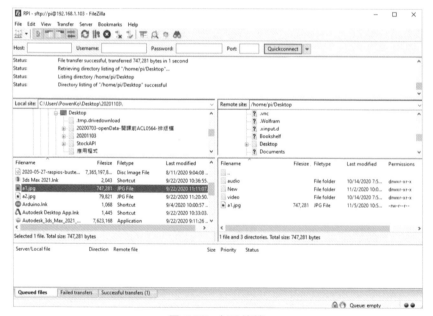

圖 6-26　上下傳檔

🎬 **教學影片**

請見 *6-7-SSH-FileZilla-Client.mp4* 影片檔。

6.8 建立 FTP 伺服器──vsftpd

STEP 1 安裝 FTP 伺服器。

首先確定 FTP 存放檔案的路徑，這裡用 /var/www 來當成檔案的路徑。

```
$sudo chown -R pi /var/www/html
```

安裝 FTP 伺服器軟體 vsftpd。

```
$ sudo apt-get install vsftpd
```

```
pi@raspberrypi:~ $ sudo chown  -R pi /var/www
pi@raspberrypi:~ $ sudo apt-get install vsftpd
Reading package lists... Done
Building dependency tree... Done
Reading state information... Done
The following package was automatically installed and is no longer required:
  libfuse2
Use 'sudo apt autoremove' to remove it.
The following NEW packages will be installed:
  vsftpd
0 upgraded, 1 newly installed, 0 to remove and 98 not upgraded.
```

圖 6-27 安裝 FTP 伺服器

STEP 2 修改設定。

可以透過 nano 文字編輯軟體，打開 /etc/vsftpd.conf，並修改這些設定。

```
$sudo nano /etc/vsftpd.conf
```

修改以下的內容：

- 確認 anonymous_enable=YES 是否有修改成 anonymous_enable=NO。

- 確認 #local_enable=YES 是否有修改成 local_enable=YES。

- 確認 #write_enable=YES 是否有修改成 write_enable=YES。

```
# Allow anonymous FTP? (Disabled by default).
anonymous_enable=NO
#
# Uncomment this to allow local users to log in.
local_enable=YES
#
# Uncomment this to enable any form of FTP write command.
write_enable=YES
```

圖 6-28 修改/etc/vsftpd.conf

並且在檔案的最後加上這二行。

```
8_filesystem=YES
force_dot_files=YES
```

```
#
# Uncomment this to indicate that vsftpd use a utf8 filesystem.
utf8_filesystem=YES
force_dot_files=YES
```

圖 6-29 在最後的/etc/vsftpd.conf 加上 force_dot_files=YES

按下鍵盤的「Ctrl + O」鍵儲存,並按下鍵盤的「Ctrl + X」鍵離開文字編輯軟體。

STEP 3 啟動 FTP 伺服器或重新開機。

```
$sudo service vsftpd restart
```

完成!這樣就已經完成架設 FTP 了。

教學影片

請見 *6-8-FTP-vsftpd-install.mp4* 影片檔。

6.9 連線到 FTP 伺服器——FileZilla

在 Windows 如果要使用 FTP 軟體 FileZilla 連接到樹莓派,幾乎和剛剛的 SFTP 一樣,僅微調幾個小地方即可,安裝後就可以有二個通訊協定 FTP 和 SFTP,能將檔案傳遞由電腦傳遞到樹莓派上面。

STEP 1 安裝 Filezilla 軟體。首先確定請下載「FileZilla Client」軟體,可以在官方網站點選取得 *https://filezilla-project.org/*。

STEP 2 開啟 Filezilla 軟體。請安裝和開啟「FileZilla Client」軟體,並點選左上角的連線 icon。

STEP 3 設定連線資訊。透過以下步驟設定連線資訊:

1. 點選「New site」新網站,新增一個連線點。

2. 調整連線網站的名稱,取一個方便記憶的好名稱,方便下次直接點選使用。

3. 在「Protocol」連線方式,設定為「FTP」。(注意:是選 FTP 喔!)

4. 在「Host」被連線設備的網址,請依照實際的樹莓派 IP 位置,進行設定。

5. 在「Port」通訊埠,設定為「21」。(注意:這裡不同喔!)

6. 在「User」使用者和「Password:」密碼,分別依照樹莓派使用者的帳號和密碼輸入,如果沒修改過,其內定值為「pi」和「raspberry」。

7. 點選「Connect」連線。

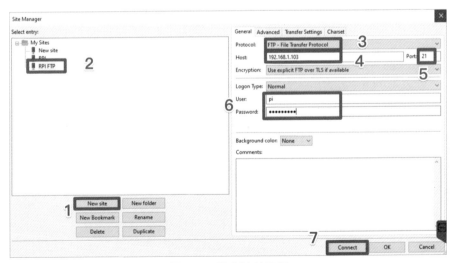

圖 6-30 設定連線資訊

STEP 4 上下傳檔。當連線成功後,使用方法也相同,左邊的是本機的檔案,而右邊的是遠端樹莓派的檔案,可透過滑鼠把檔案或文件夾相互拖拉,完成檔案下上傳的功能。

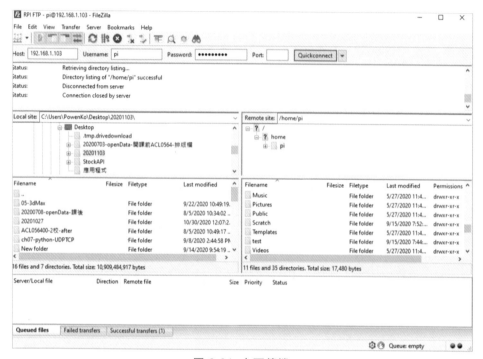

圖 6-31 上下傳檔

🎬 教學影片

請見 *6-9-FTP-FileZilla-Client.mp4* 影片檔。

6.10 建立使用者帳號

建立使用者帳號，可以用在 SSH 和 FTP，這樣也能讓樹莓派的安全性更高。

STEP 1 建立使用者帳號。例如建立一個 FTP 的帳號叫做 powen1。

請用以下的方法建立使用者帳號。

```
$ sudo useradd powen1
$ sudo passwd powen1
```

```
pi@raspberrypi:~ $ sudo useradd powen1
pi@raspberrypi:~ $ sudo passwd powen1
New password:
Retype new password:
passwd: password updated successfully
pi@raspberrypi:~ $ 
```

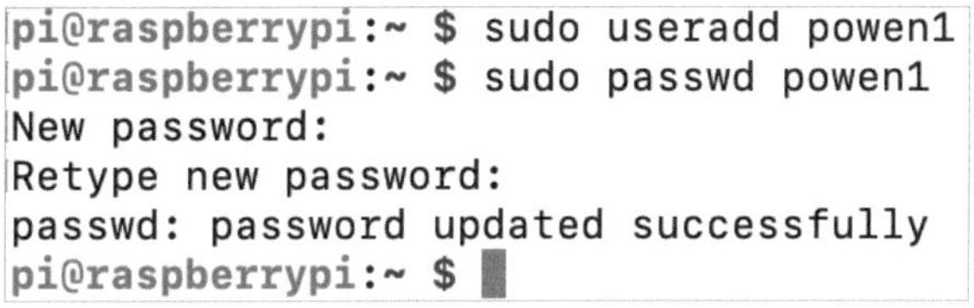

圖 6-32 建立使用者 powen1 帳號和密碼

STEP 2 建立使用者的路徑。剛剛建立的新帳號叫 powen1，這時候要看當使用者登入到 FTP 時，要到哪一個路徑。

可以透過 mkdir 的方法建立一個新的路徑，或者把它指定到 www 網頁的根目錄/var/www/html，這裡透過以下的指令，把剛剛的帳號登入後指到 /var/www/html。

```
$ sudo usermod -d /var/www/html powen1
```

最後重新開機就完成了。

教學影片

請見 *6-10-useradd.mp4* 影片檔。

6.11 測試使用者帳號

可以用 SSH 或 FTP 來測試剛剛的帳號是建立成功。

透過軟體來登錄 FTP。比如用 FileZilla，透過 Raspberry Pi 的 IP 位置和剛剛建立的帳號與密碼，就可以順利登入。

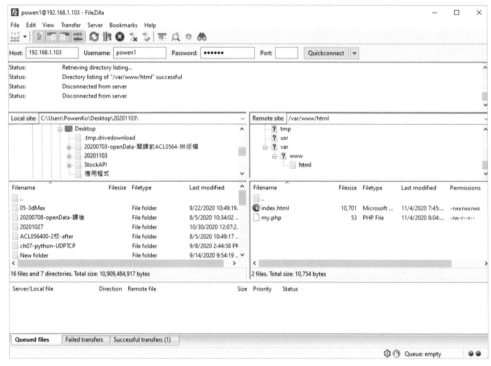

圖 6-33 FTP 登入成功

🎬 教學影片

請見 *6-11-test_useradd.mp4* 影片檔。

使用 Scratch

本章重點

7.1 在 Raspberry Pi 執行 Scratch 3

在第 4 章介紹了 Scratch 圖形化的程式語言，相信很多人也曾經在國中、高中的電腦課，使用這個程式語言來設計遊戲或其他應用程式。在這一節會介紹 Scratch 在 Raspberry 上的應用，尤其樹莓派的 Scratch 提供控制 GPIO 接腳開關的功能。若是對 Python 不熟悉的讀者，也可以利用 Scratch 圖形化的程式語言，做出自動化控制等與硬體互動的應用程式。目前的 Rasbian 作業系統已經內建 Scratch、Scratch2 和 Scratch3 三個版本。

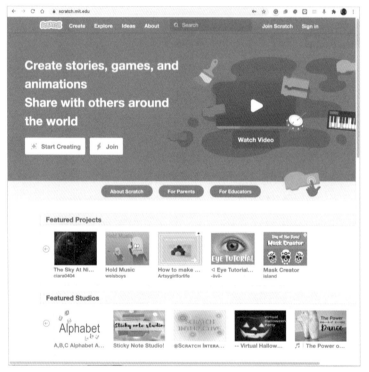

圖 7-1 Scratch 的官方網站 *http://Scratch.mit.edu/*

懂 Scratch 的高手不少，但知道要如何在 Raspberry Pi 上執行，請依照下面的步驟，就可以順利在 Raspberry Pi 上執行。

STEP 1 開啟 Scratch 3。透過程式集\Education\Scratch 3，打開程式。

圖 7-2 程式集\Education\Scratch 3

STEP 2 Raspbian 的作業系統已經安裝過 Scratch 3，只要依照一般的用法，就可以在上面寫程式，或執行 Scratch 3 的其他應用。

圖 7-3 在 Raspberry Pi 上執行 Scratch 3

建議讀者購買一本 Scratch 書籍，或拜訪網站「澎湖人 No.1 自由軟體交流網」（*http://www.phcno1.net/modules/tad_book3/index.php?op=list_docs&tbsn=2*），該網站有詳盡的 Scratch 中文教學，只要仔細閱讀必定可以寫出 Scratch 並開發遊戲。

圖 7-4 澎湖人 No.1 自由軟體交流網的「Scratch」中文教學手冊

教學影片

請見 *7-1-scratch3.mp4* 影片檔。

7.2 樹莓派版 Scratch 3——HelloWorld

在此透過 Scratch 圖形化的程式語言，簡單的開發個小程式，目的是控制 Scratch 3 的小貓。

STEP 1 改變 Scratch3 語系。因為 Scratch 3 系統預定語言英文，可以透過點選「語言」icon，選取「繁體中文」。

圖 7-5　改變 Scratch3 語系

STEP 2 增加點選「綠色旗子」事件。

1. 點選「事件」。

2. 使用滑鼠拖拉「當綠色旗子被點擊」，到中間的程式區。

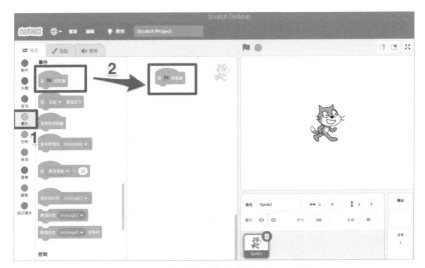

圖 7-6　增加點選「綠色旗子」事件

STEP 3 增加動作。

1. 點選「動作」。

2. 使用滑鼠拖拉「右旋選 15 度」到中間的程式區,並與剛剛「當綠色旗子被點擊」,並連接在一起。

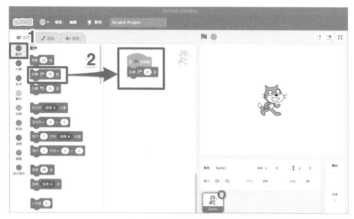

圖 7-7　增加動作

STEP 4 測試程式。

1. 點選「旗子」。

2. 小貓會依照程式所指示的順時鐘旋轉 15 度。

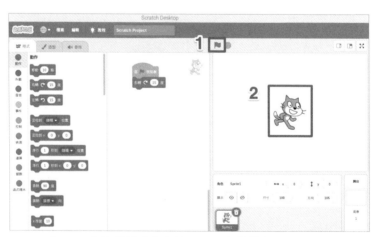

圖 7-8　每次點擊「綠色旗子」,小貓就會右旋 15 度

🎬 **教學影片**

請見 *7-2-scratch3-hello.mp4* 影片檔。

7.3 Scratch3 添加 Raspberry Pi GPIO 控制方塊

透過以下步驟，在 Scratch3 添加 Raspberry Pi GPIO 控制方塊。

STEP 1 開取外掛程式。透過 Scratch3 左下角的「外掛程式」icon，打開並取得外掛程式。

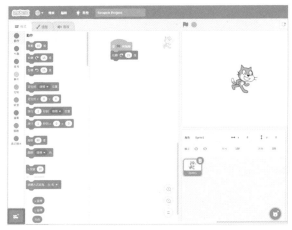

圖 7-9 開取外掛程式

STEP 2 添加 Raspberry Pi GPIO 控制方塊。點選「用來 Raspberry Pi GPIO」用來添加 Raspberry Pi GPIO 控制方塊。

圖 7-10 添加 Raspberry Pi GPIO 控制方塊

添加成功後，就會在程式看到「Raspberry Pi GPIO 控制方塊」。

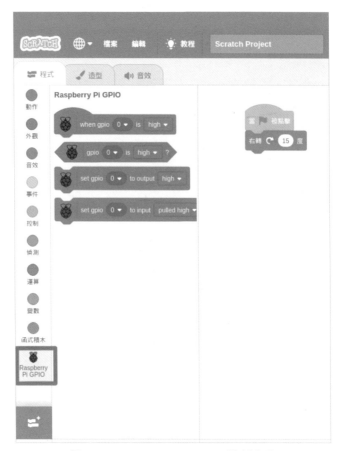

圖 7-11　Raspberry Pi GPIO 控制方塊

📽 教學影片

請見 *7-3-scratch3-addRPI-GPIO.mp4* 影片檔。

7.4 Scratch3 控制 Raspberry Pi GPIO 軟體程式

在本章節將會介紹如何開發 Scratch3 控制 Raspberry Pi GPIO 軟體程式，並且透過鍵盤的「0」鍵關閉 LED 燈、「1」鍵打開 LED 燈。

STEP 1 增加 2 個「鍵盤」事件。

1. 點選「事件」。

2. 使用滑鼠拖拉 2 個「當..被按下」，到中間的程式區。

3. 並把鍵盤設定為「0」和「1」鍵。

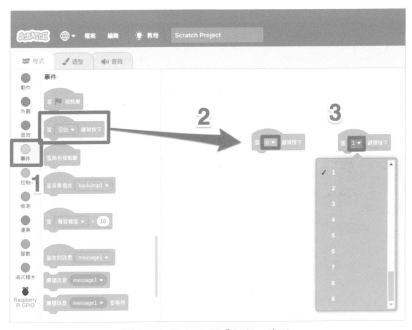

圖 7-12 增加 2 個「鍵盤」事件

STEP 2 增加 2 個「set gpio ... to output」事件。

1. 點選「Raspberry Pi GPIO」。

2. 使用滑鼠拖拉 2 個「set gpio ... to output」方塊，到中間的程式區。

3. 並連接到「當..被按下」。

4. 並把 gpio 設定為「4」和「low」低電位。

5. 另外一個 gpio 設定為「4」和「high」高電位。

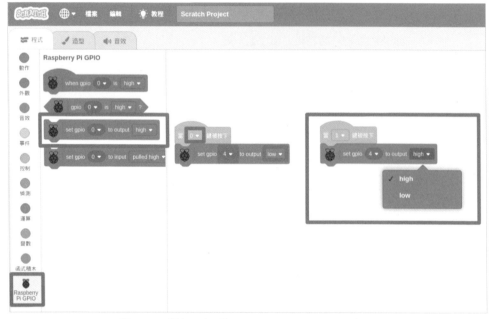

圖 7-13　增加 2 個「set gpio ... to output」事件

STEP 3 儲存 Scratch 3 程式。因為接下來就要接硬體線路，建議先用透過「檔案/下載到你的電腦」儲存程式。日後要取得的話，可以透過「檔案/從你的電腦挑選」。

圖 7-14 儲存 Scratch 3 程式

◉ **範例程式**：sample\ch7\gpio4.sb3

📖 **教學影片**

請見 *7-4-scratch3-GPIO4.mp4* 影片檔。

7.5 Scratch3 控制 Raspberry Pi GPIO 硬體接線

本實驗目的是使用 Scratch 圖形化程式語言，來控制接在 Raspberry Pi GPIO 的 LED 燈的開和關。

◉ **硬體準備**

- Raspberry Pi 板子
- 1 個 LED 燈
- 1 個 1K 的電阻
- 麵包板
- 電線數條

◎ 硬體接線

在 Raspberry Pi 接上延長線到麵包板上,並接上 LED 燈和 1K 電阻。

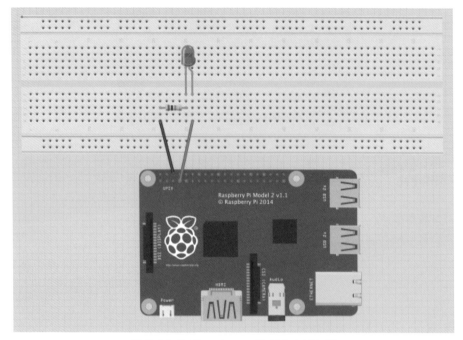

圖 7-15 在 Raspberry Pi 接上 LED 燈

 注意

- 建議硬體接線時,先關掉 Raspberry Pi 的電源,以免不小心短路, 把整個 Raspberry Pi 板子燒壞。

- 建議非電子、電機相關背景的同學,找個跟電子相關科系的長輩 或朋友一同做這個實驗。

- 大多數的人都是購買沒有外殼的 Raspberry Pi,所以要小心短路 的事件發生,建議清空桌面、放一本大雜誌或塑膠墊,避免跟鐵 或導體直接接觸,如果可以有外殼保護更好。

◉ 步驟

STEP 1 硬體接線。請先關機,然後依照上面的硬體接線圖,接上 LED 燈和硬體
線路。而樹莓派每一個接腳的功能請參考〈1.17 RaspberryPi 2、3、4 的
GPIO40 個接腳〉的接線圖。

STEP 2 開機。確認一切硬體接線無誤後,請用實體的機器,透過滑鼠、鍵盤、螢
幕,實際開機,不要用 VNC 或 ssh 遠端連線使用 Raspberry Pi,否則無
法正常工作。請使用 pi 這個帳號登入,勿用其他帳號名稱登入。

STEP 3 請開啟 Scratch3 軟體,並打開上一章節的範例程式。

STEP 4 執行程式。點選右上角的綠色旗子來執行 Scratch 程式,並在 cratch 程式
上面按下鍵盤的「0」鍵和「1」鍵。

◉ 執行結果

執行時,當用戶在 cratch 程式上面按下鍵盤的「0」鍵時 LED 燈會關閉,按下「1」
鍵會變亮。

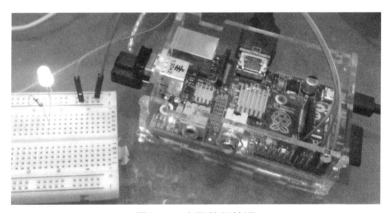
圖 7-16 實際執行情況

🎬 教學影片

請見 *7-5-scratch3-GPIO4-HW.mp4* 影片檔。

7.6 命令列執行 Scratch

由於 Adobe Flash 已經停止使用的關係，導致 2023 最新的樹莓派作業系統的 Scratch 2 軟體和本章節的功能無法執行。若要使用此功能，可安裝 2022 年 12 月以前的樹莓派 Raspbian 作業系統。

為了順利執行〈7.7 開機時自動執行桌面程式——自動執行 Scratch〉，在此先介紹如何儲存和透過命令列執行 Scratch，而這功能僅能在 Scratch 或 Scratch 2 完成，Scratch 3 目前版本還沒支援開機自動啟動 Scratch 3。

STEP 1 產生 Scratch 2 程式檔案。

1. 打開 Scratch 2 並撰寫一個簡單程式。

2. 選取「File/Save Project」。

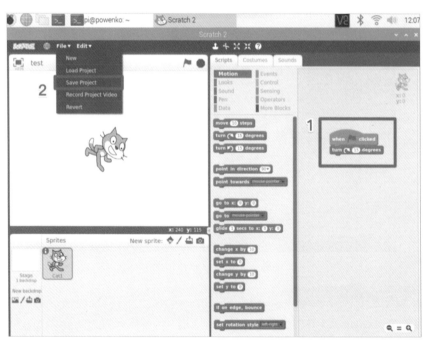

圖 7-17　開發 Scratch 2 程式

3. 將該檔案放在桌面上。

4. 並設定檔名為「test.sb2」。

5. 按下「Save」按鈕儲存。

圖 7-18 儲存 Scratch 2 程式

STEP 2 命令列執行 Scratch。

透過以下的指令，就能夠在命令列開啟 Scratch，並執行程式。

```
$ scratch2 /home/pi/Desktop/test.sb2
```

如果是 Scratch 的程式，可以透過次指令測試。

```
$ scratch /home/pi/Desktop/test.sb
```

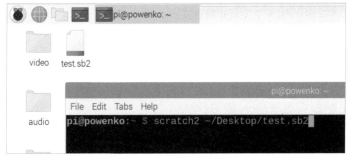

圖 7-19 命令列執行 Scratch 程式

◉ 執行結果

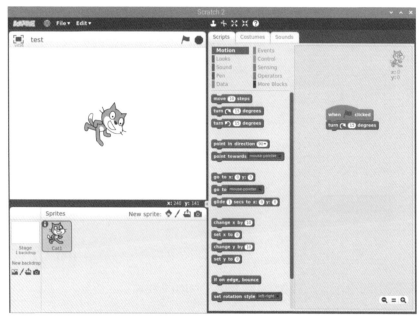

圖 7-20　執行結果

📽 教學影片

請見 *7-6-cmd-scratch.mp4* 影片檔。

7.7 開機時自動執行桌面程式—— 自動執行 Scratch

設定 Raspberry Pi，讓系統開機時就自動執行特定的 Scratch 程式，請依照下列步驟來設定，就可達到此功能。

◉ 開機時自動執行 Scratch 或 Scratch 2

STEP 1 修改桌面程式的自動啟動設定。

修改打開桌面程式時的自動啟動程式，透過文字工具來修改/etc/xdg/ lxsession/LXDE-pi/autostart 這個桌面應用程式，啟動時的自動執行檔。

```
$ sudo nano   sudo nano /etc/xdg/lxsession/LXDE-pi/autostart
```

圖 7-21　修改啓動程式

STEP 2　修改啟動設定。

並把檔案的最後一行加上 scratch2 的程式和要開啟的檔案。

```
@lxpanel --profile LXDE
@pcmanfm --desktop --profile LXDE
@xscreensaver -no-splash
scratch2 /home/pi/Desktop/test.sb2
```

圖 7-22　修改並加上 scratch2 /home/pi/Desktop/test.sb2

在 nano 這個文字編輯器上,透過「Ctrl + W」和「Enter」鍵來儲存,「Ctrl + X」鍵離開文字編輯軟體。

STEP 3 重新開機設定完成。

因為本實驗設定 Scratch 自動開機,並且啟動程式,所以請在最後的步驟透過以下的指令,重新啟動 Raspberry Pi,就可以看到效果。

```
$ sudo reboot
```

◎ 執行結果

下次 Raspberry Pi 開機後,就會自動進入視窗環境,並執行所指定的 Scratch 程式。

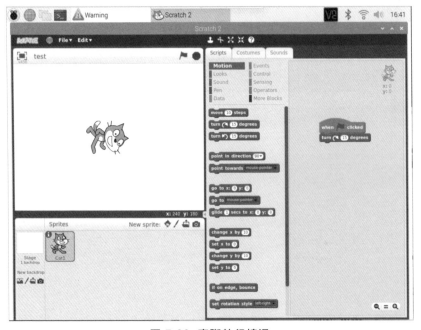

圖 7-23 實際執行情況

🎞 教學影片

請見 *7-7-scratch2-AutoStart.mp4* 影片檔。

在樹莓派上進行程式開發 — 使用Python

本章重點

8.1 Python 程式語言的介紹

Raspberry Pi 板上的 GPIO 提供了 Python、C、Java 等函式庫，讓開發者自行設計和使用。因為官方的範例文件在控制 GPIO 接腳時，都是使用 Python 程式語言，所以本章節將會使用 Python 來介紹如何控制 Raspberry Pi 的 GPIO 接腳。Python 是跨作業系統的直譯式程式語言，當程式執行時，才將程式語言翻譯成執行碼後執行。Python 程式語言之所以廣受歡迎，是因為它的程式語言全部都是公開程式碼，只要用文書軟體打開，就可以對程式碼的設計一目瞭然，並了解它是如何執行的。

本章將透過實際範例，讓讀者了解如何撰寫和使用 Python 程式語言，且市面上大多數的 Raspberry Pi 的軟體和控制 GPIO 周邊，幾乎都是用 Python 程式語言開發，若想要學好 Raspberry Pi，一定要了解 Python 程式語言（第九章會提到 Raspberry Pi 硬體相關的開發，就是使用 Python 來達成）。

圖 8-1 Python 的 Logo

1989 年，人在阿姆斯特丹的吉多‧范羅蘇姆（Guido van Rossum）於耶誕假期著手開發 Python，目的是設計出一種優美而強大、提供給非專業程式設計師使用的語言，同時採取開放策略，使 Python 能夠完美結合其他程式語言如 C、C++ 和 Java 等。時至今日，Python 已經是相當受歡迎的入門教學語言。

Python 的設計哲學是「優雅」、「明確」、「簡單」，因此 Python 的格言為「There is only one way to do it」，意思是利用 Python 寫程式，達成一種目的只會有一種寫法（其實是盡可能只有一種寫法），以符合「簡單」的設計哲學。

依據網路軟體市調網站 TIOBE 2022 年第一季的報告，Python 已經位居受歡迎的語言排行榜第 1 名。要學習 Python，第一步便是到官網下載直譯器。

8.1.1 安裝 Python 程式語言

安裝前要先更新 apt-get 系統安裝程式。

```
$sudo apt-get update
$sudo apt-get upgrade
```

Raspberry Pi 基本上都有安裝過 Python，並且同時擁有 Python 2 和 3 的版本，可以透過以下指令來確認是否有安裝，請見圖 8-3。

```
$python3
```

如果沒有的話，請執行下面的指令安裝；如果已經安裝過，再安裝一次也不會影響到系統，請不用擔心。

```
$sudo apt-get install python
$sudo apt-get install python3
```

安裝 Python 3 的版本。

```
$sudo apt-get install python3
```

```
pi@powenko:~ $ sudo apt-get install python
Reading package lists... Done
Building dependency tree
Reading state information... Done
python is already the newest version (2.7.16-1).
0 upgraded, 0 newly installed, 0 to remove and 176 not upgraded.
pi@powenko:~ $ sudo apt-get install python3
Reading package lists... Done
Building dependency tree
Reading state information... Done
python3 is already the newest version (3.7.3-1).
0 upgraded, 0 newly installed, 0 to remove and 176 not upgraded.
```

圖 8-2　安裝 Python 3

Python 的執行方法分成兩種，以下分別介紹。

◉ 方法一

在文字模式 Terminal 下，直接依照下列的指令執行。進入 Python 的編輯模式。

```
$python
```

```
pi@raspberrypi ~ $ python
Python 2.7.3 (default, Jan 13 2013, 11:20:46)
[GCC 4.6.3] on linux2
Type "help", "copyright", "credits" or "license" for more information.
>>>
```

圖 8-3　執行 Python

目前 Raspberr pi 內建 Python 2 和 3 的版本，如果要特別指定當今開發者大多使用的 Python 3 的話，可以透過以下指令。

```
$python3
```

進入 Python 編輯模式之後，試著寫寫簡單的程式。

```
>>>print("hello world, powenko")
```

◉ 程式解說

- 透過 print 函數可以列印括號內的文字。

◉ 執行結果

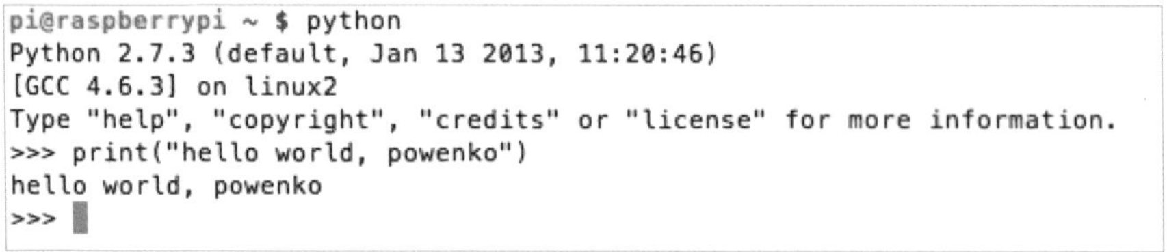

```
pi@raspberrypi ~ $ python
Python 2.7.3 (default, Jan 13 2013, 11:20:46)
[GCC 4.6.3] on linux2
Type "help", "copyright", "credits" or "license" for more information.
>>> print("hello world, powenko")
hello world, powenko
>>>
```

圖 8-4　執行結果

如果要離開 Python 程式，按下鍵盤的「Ctrl + Z」鍵或 exit() 指令就可以了。

此方法可以很簡單的撰寫 Python 程式，但是如果程式很長或是需要測試、撰寫和修改的話，這個方法就不適合。

◉ 方法二

第二個方法是透過文字編輯工具，先把程式寫在純文字檔案中，再告訴 Python 解譯器去讀取這個文字檔案並執行。

把剛剛的程式透過文字軟體 nano，重新輸入一次。

```
$sudo nano mycode.py
```

在這個文字軟體中，輸入以下的程式。

```
print("see you again, powenko")
```

透過按下鍵盤的「Ctrl + O 」和「Enter」鍵儲存程式,並透過鍵盤的「Ctrl + X 」和「Enter」鍵離開文字編輯軟體 nano。

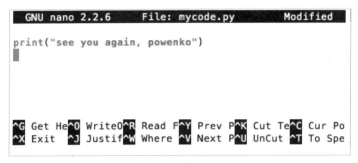

圖 8-5 在文字軟體 nano 寫程式

回到文字模式 Terminal 下,直接依照下列的指令編輯和執行 Python 的程式。

```
$ python3  mycode.py
```

如果要指定 Python 2 的版本來執行 Python 程式,可以用以下的指令執行。

```
$ python mycode.py
```

◉ 執行結果

```
pi@powenko:~/Desktop $ python mycode.py
see you again, powenko
pi@powenko:~/Desktop $ python3 mycode.py
see you again, powenko
pi@powenko:~/Desktop $ 
```

圖 8-6 執行結果

🎬 教學影片

本節內容非常重要,在學習的過程中如碰到問題,請見
8-1-installAndRun_python.mp4 影片檔。

注意

請務必要實際練習一次本節的範例,避免後面章節學習卡關。

8.2　資料型態

大多數的 Raspberry Pi 都是使用 Python 程式語言在控制 GPIO 周邊，為方便讀者在撰寫 Raspberry Pi 時更得心應手，本章節會快速介紹 Python 程式語言的撰寫和函數。

在 Python 的程式語言之中，資料如果以變數加以儲存，可以透過 Python 程式語言中的數學計算處理。

Python 的資料處理基本單位為「變數」，在類別內的變數將視為是一種該類別的欄位；而在方法內宣告的變數，則視為是該區域的變數（Local Variables）。

特別的是 Python 的變數，宣告時不用特地指定資料型態，就會以第一次使用時儲存的資料，為內定的資料型態。

◉ 語法

```
變數名= 初始值
```

◉ 參數

無

◉ 返回值

無

◉ 範例程式：sample\ch08\01value.py

```
 1. #!/usr/bin/env
 2. __author__= "Powen Ko, www.powenko.com"
 3. # 註解
 4. a=33
 5. b="abc"
 6. c=33.4
 7. print("Hello")
 8. print(a)
 9. print(b)
10. print(c)
11. print(a+c)
12. print("a=",a)
13. print(a,b,c)
```

◉ 程式解說

- 第 1 行："#" 的意思是註解的用途，這一行也可以省略，但大多數 Python 的程式都會撰寫這一行，用意是說程式在執行 Python 時，Python 編譯器的路徑在/usr/bin/python 的位置。

- 第 2 行：這一行可以不用寫，__author__用意是跟 Python 講作者是誰。

- 第 3 行：註解的寫法，只要加上#就是註解。

- 第 4 行：定義變數 a 資料是數字 33。

- 第 5 行：定義變數 b 資料是文字 "abc"。

- 第 6 行：定義變數 c 資料是浮點數 33.4。

- 第 7 行：顯示字串 Hello。

- 第 8 行：顯示變數 a 資料。

- 第 9 行：顯示變數 b 資料。

- 第 10 行：顯示變數 c 資料。

- 第 11 行：顯示變數 a 加上變數 c 資料。

- 第 12 行：顯示 a=33，也就是顯示文字 "a=" 和變數 a 的值。

- 第 13 行：顯示變數 a 變數 b 和變數 c 資料。

◉ 執行結果

```
Hello
33
abc
33.4
66.4
a= 33
33 abc 33.4
```

圖 8-7 執行結果

🎞 教學影片

請見 *8-2-value.mp4* 影片檔。

8.3 數學計算

Python 對數學的運算處理方法,跟一般的 C 語言相同,讀者可以透過下面的程式範例了解。

數學符號	功能解釋	範例	
+	加法	3+2	# 答案為 5
-	減法	3-2	# 答案為 1
*	乘法	3*2	# 答案為 6
/	除法	5/3	# 答案為 1
%	取餘數	5%3	# 答案為 2
**	執行指數	3**2	# 答案為 9
//	除法取整數值	9//2	# 答案為 4
		9.0//2.0	# 答案為 4.0

◉ **範例程式:sample\ch08\02math.py**

```
 1. #!/usr/bin/env
 2. __author__ = "Powen Ko, www.powenko.com"
 3.
 4. a=4
 5. b=2.2
 6. c="3.3"
 7. print(a+b)
 8. print(a-b)
 9. print(a*2)
10. print(a/2)
11. print(a<<1)
12. print(a>>1)
13. print(a%3)
14. d=4.3
15. print(d/3)
16. print(d//3)
```

◉ **程式解說**

- 第 7 行：資料相加的寫法，並將結果顯示出來。

- 第 8 行：資料相減的寫法，並將結果顯示出來。

- 第 9 行：數字相乘的寫法，並將結果顯示出來。

- 第 10 行：數字相除的寫法，並將結果顯示出來。

- 第 11 行：資料左移一位的寫法，也就是十進位的 4 轉乘 2 進位的 0100，並且左移一位後為 2 進位的 1000，再轉回十進位的 8 並將結果顯示出來。

- 第 12 行：資料右移一位的寫法，也就是十進位的 4 轉乘 2 進位的 0100，並且右移一位後為 2 進位的 0010，再轉回十進位的 2 並將結果顯示出來。

- 第 13 行：除以 3 取餘數的寫法，並將結果顯示出來。

- 第 15 行：4.3 除以 3 的寫法 4.3/3= 1.43333 並將結果顯示出來。

- 第 16 行：4.3 除以 3 的寫法 4.3/3= 1.43333 只取整數 1 並將結果顯示出來。

◉ **執行結果**

```
6.2
1.7999999999999998
8
2.0
8
2
1
1.4333333333333333
1.0
```

圖 8-8　執行結果

🎬 **教學影片**

請見 *8-3-math.mp4* 影片檔。

8.4 If...else 條件判斷語句

if 語句與比較運算子一起用於檢測某個條件是否達成，如某輸入值是否在特定值之上等。

```
if（條件判斷語句）和==、!=、<、>（比較運算子）
```

if 語句的語法是：

```
if  某變數> 20:
#如果符合此判斷式的話，要做的事情
```

本程式測試某變數的值是否大於 20。當大於 20 時，執行一些動作。

換句話說，只要 if 後面括弧的結果（稱之為測試運算式）為真，則執行下一個段行的語句（稱之為執行語句法）；若為假，則跳過。

◉ 語法 1

```
if    條件判斷語句:
   #要做的事情1
```

◉ 語法 2

```
if    條件判斷語句:
   #要做的事情1
else:
   #要做的事情2
```

◉ 語法 3

```
if   條件判斷語句1:
   #要做的事情1
elif 條件判斷語句2:
   #要做的事情2
else:
   #其他要做的事情
```

注意

● Python 的 else if 是寫成 elif。

● Python 沒有 {}，是透過空白行數來判斷，同樣是空白的話，就代表在同一個 {} 範圍內。

◉ 參數

條件判斷語句：

在小括弧裡求值的運算式，需要以下操作：

- x == y（x 等於 y）

- x != y（x 不等於 y）

- x < y（x 小於 y）

- x > y（x 大於 y）

- x <= y（x 小於等於 y）

- x >= y（x 大於等於 y）

- x==1 and y==1 （x 等於 1 並且等於 1）

- x==1 or y==1 （x 等於 1 或 y 等於 1）

◉ 返回值

函數返回值為 boolean 布林型，就是只有 true（對）和 false（錯）這二個答案。

◉ 使用範例

以下的範例，就是判斷變數是否符合判斷式的條件。

◉ 範例程式：sample\ch08\04if.py

```
1. #!/usr/bin/env
2. a=4
3. if a==1:
4.    print('1')
5. elif a==2:
6.    print('2')
7. else:
8.    print('3')
```

◉ 程式解說

- 第 2 行：定義變數 a 的資料為整數 4。

- 第 3-4 行：如果變數 a 裡面的資料是 1 的話，就顯示'1' 的字串在螢幕上。

- 第 5-6 行：如果變數 a 裡面的資料是 2 的話，就顯示'2' 的字串在螢幕上。

- 第 7-8 行：如果變數 a 裡面的資料不是 1 和 2 的話，就顯示'3' 的字串在螢幕上。

◉ 執行結果

```
3
```

圖 8-9 執行結果

🎬 教學影片

請見 *8-4-if.mp4* 影片檔。

補充資料

Python 沒有 switch，可以透過 if ... elif...elif 來達到同樣的效果，例如：

◉ 範例程式：sample\ch08\05if2.py

```
 1. #!/usr/bin/env
 2. a='2'
 3. if a=='1':
 4.     print('1')
 5. elif a=='2':
 6.     print('2')
 7. elif a=='3':
 8.     print('3')
 9. elif a=='4':
10.     print('4')
11. else:
12.     print('other')
```

◉ 程式解說

- 第 2 行：定義變數 a 的資料為字元 2。

- 第 3-4 行：如果變數 a 裡面的資料是字元 1 的話，就顯示 '1' 的字串在螢幕上。

- 第 5-6 行：如果變數 a 裡面的資料是字元 2 的話，就顯示 '2' 的字串在螢幕上。

- 第 7-8 行：如果變數 a 裡面的資料是字元 3 的話，就顯示 '3' 的字串在螢幕上。

- 第 9-10 行：如果變數 a 裡面的資料是字元 4 的話，就顯示 '4' 的字串在螢幕上。

- 第 11-12 行：如果變數 a 裡面的資料不是字元 1、2 和 3 的話，就顯示 'other' 的字串在螢幕上。

🎬 教學影片

請見 *8-4-if2.mp4* 影片檔。

8.5　while 迴圈語法

while 語句用於重複執行一段程式，程式需要是放在相同空白行數的程式碼，while 迴圈會無限的循環，直到判斷式部成立，才會離開迴圈。

◉ 語法

```
while   判斷的條件:
    #要做的事情
```

◉ 參數

判斷的條件和 if 的寫法一樣，如果符合的話就會執行迴圈內的程式，直到不符合判斷的條件，才會離開。

◉ while 判斷式

該函數是建立迴圈的動作。

- 判斷式：同條件判斷語句

◉ **範例程式 1：sample\ch08\06while1.py**

```
1. x=0
2. while x<5:
3.     print(x)
4.     x=x+1
5. print("end")
```

◉ **執行結果**

```
0
1
2
3
4
end
```

◉ **範例程式 2：sample\ch08\07while2.py**

```
1. x=0
2. while x<=20:
3.     print(x)
4.     x=x+5
5. print("end")
```

◉ **執行結果**

```
0
5
10
15
20
end
```

以下的範例，就是通過兩個 while 迴圈來完成九九乘法表 w。

◉ **範例程式 3：sample\ch08\08while3.py**

```
1. #!/usr/bin/env
2. x=0
3. while x<9:
4.     x=x+1
5.     y=1
6.     while y<10:
7.         print(x,"*",y,"=",(x*y))
8.         y=y+1
9. print("end")
```

◉ 部分執行結果

```
8*8=64
8*9=72
9*1=9
9*2=18
9*3=27
9*4=36
9*5=45
9*6=54
9*7=63
9*8=72
9*9=81
end
```

圖 8-10　執行結果

📽 教學影片

請見 *8-5-While.mp4* 影片檔。

8.6 陣列 List

陣列是一個連續、相同的資料型態放在連續的記憶體空間,並且可以用連續空間來加以存放。陣列在程式語言之中,是一種相同變數中,存放多個資料的結構,它可以讓程式碼表現更為簡單,開發速度更快,Python 語言也像其他的程式語言一樣提供了陣列。什麼是陣列?定義上來說,陣列是一種儲存大量同性質資料的連續記憶體空間,只要使用相同的變數名稱,便可以連續的存取每一筆資料,由於陣列元素的方便性,使得大多數的程式語言中,都可以看到陣列的功能。

8.6.1 變數=['字串','字串',.....]

◉ 範例程式:sample\ch08\09array1.py

```
1. a=['Apple', 'Watermelon', 'Banana']
2. print(a[1])
```

◉ 執行結果

```
Watermelon
```

🎬 教學影片

請見 *8-6-1-Array1.mp4* 影片檔。

8.6.2　變數=[數字,數字,……]

◉ 範例程式：sample\ch08\10array2.py

```
1. a=[123,456,789]
2. print(a[1])
```

◉ 執行結果

```
456
```

8.6.3　二維矩陣的寫法

```
變數=[[數字,數字,……], [數字,數字,……],…]
```

◉ 範例程式：sample\ch08\11array3.py)

```
1. a=[[11,22,33],
2.    [44,55,66],
3.    [77,88,99]]
4. print(a[1][0])
```

◉ 執行結果

```
44
```

🎬 教學影片

請見 *8-6-3-Array2.mp4* 影片檔。

8.7 範圍 range

在 Python 的 for 迴圈中常會用到一個叫做 range 範圍的寫法。因此在介紹迴圈的處理之前，先介紹什麼是 range。range 是用來產生矩陣的一個函數，主要是產生連續性的數字並放入矩陣之中。

8.7.1 range (範圍)

該函數是建立範圍的動作。

- 範圍：整數值

◉ **範例程式**：sample\ch08\12range1.py

```
1. a=range(10)
2. print(list(a))
```

◉ **執行結果**

```
[0, 1, 2, 3, 4, 5, 6, 7, 8, 9]
```

🎬 教學影片

請見 *8-7-1-range1.mp4* 影片檔。

8.7.2 range (範圍開始, 範圍結束)

該函數是建立範圍的動作。

- 範圍開始：整數值

- 範圍結束：整數值

◉ **範例程式**：sample\ch08\13range2.py

```
1. a=range(2,6)
2. print(a)
3. print(list(a))
```

◎ 執行結果

```
[2, 3, 4, 5]
```

8.7.3　range (範圍開始, 範圍結束, 每次相差)

該函數是建立範圍的動作。

- 範圍開始：整數值

- 範圍結束：整數值

- 每次相差：整數值

◎ 範例程式 1：sample\ch08\14range3.py

```
1. a=range(0,6,2)
2. print(list(a))
```

◎ 執行結果

```
[0, 2, 4]
```

◎ 範例程式 2：sample\ch08\15range4.py

```
1. a=range(6,0,-2)
2. print(list(a))
```

◎ 執行結果

```
[6, 4, 2]
```

🎬 教學影片

請見 *8-7-3-range2.mp4* 影片檔。

8.8　for 迴圈

在 Python 的程式語言之中，迴圈 for 主要是用在把矩陣的資料一筆一筆拿進來迴圈之中，而 while 迴圈，主要是用在判斷是否符合條件在進行迴圈的動作，兩者差異不大，一般來說，程式設計師都會視情況從中挑選其一就可。

迴圈 for 語句用於重複執行一段程式，而程式是放在大括號之內的程式碼，但 Python 是沒有大括號的，它是透過空白來代替，所以同一個範圍內的程式，前面都要有相同的空白行數，代表是 { ... } 之中的動作，for 語句用於重複性的操作非常有效，通常與陣列結合使用來運算數據。

8.8.1　for 變數 in range (範圍)

該函數是建立迴圈的動作。

- 變數：整數變數名稱
- 範圍：整數值

◉ **範例程式：** sample\ch08\16for1.py

```
1. for x in range(10):
2.     print(x)
3. print("end")
```

◉ **執行結果**

```
0
1
2
3
4
5
6
7
8
9
end
```

8.8.2　for 變數 in range (範圍開始, 範圍結束)

該函數是建立迴圈的動作。

- 變數：整數變數名稱

- 範圍開始：整數值

- 範圍結束：整數值

◉ 範例程式：sample\ch08\17for2.py

```
1. for x in range(2,6):
2.    print(x)
3. print("end")
```

◉ 執行結果

```
2
3
4
5
end
```

8.8.3　for 變數 in range (範圍開始, 範圍結束, 每次相差)

該函數是建立迴圈的動作。

- 變數：整數變數名稱

- 範圍開始：整數值

- 範圍結束：整數值

- 每次相差：整數值

◉ 範例程式 1：sample\ch08\18for3.py

```
1. for x in range(0,6,2):
2.    print(x)
3. print("end")
```

◉ 執行結果

```
0
2
4
end
```

◉ 範例程式 2：sample\ch08\19for4.py

```
1. for x in range(6,0,-2):
2.     print(x)
3. print("end")
```

◉ 執行結果

```
6
4
2
end
```

8.8.4 for 變數 in 矩陣

該函數是建立迴圈的動作。

- 變數：整數變數名稱

- 矩陣：矩陣字串

◉ 範例程式：sample\ch08\20for5.py

```
1. a=['Apple', 'Watermelon', 'Banana']
2. for x in a:
3.     print(x)
4. print("end")
```

◉ 執行結果

```
Apple
Watermelon
Banana
end
```

◉ **使用範例**

九九乘法的撰寫方法。

◉ **範例程式：sample\ch08\21for6.py**

```
1. for x in range(10):
2.    for y in range(10):
3.        print(x,"*",y,"=",(x*y))
```

◉ **程式解說**

- 第 3 行：for 的寫法，x 會取得 0~9 的資料。

- 第 4 行：for 的寫法，y 會取得 0~9 的資料。

- 第 5 行：資料顯示。

◉ **部分執行結果**

```
8*8=64
8*9=72
9*1=9
9*2=18
9*3=27
9*4=36
9*5=45
9*6=54
9*7=63
9*8=72
9*9=81
end
```

圖 8-11 九九乘法的程式執行結果

📽 **教學影片**

請見 *8-8-for.mp4* 影片檔。

8.9 def 函數

在 Python 可以透過 def 設計自己的函數，方便重複的使用，並簡化程式的長度。

◉ 語法

```
def 函數名稱(參數):
    要做的事情
    return 回傳值
```

8.9.1 def 函數名稱():

建立函數的動作。

◉ 使用範例

設計一個函數叫做 fun1，並在程式中呼叫該函數。

◉ 範例程式：sample\ch08\22def1.py

```
1. def fun1():
2.    print("this is function1")
3.
4. fun1()
```

◉ 執行結果

```
this is function1
```

8.9.2 def 函數名稱(參數)

建立函數的動作，並代參數進入函數中。

◉ 使用範例

設計一個函數叫做 fun2，並且在程式中呼叫該函數。

◉ 範例程式：sample\ch08\23def2.py

```
1. def fun2(num):
2.    print("this is function2=",num)
3.
4. fun2(100)
```

◉ 執行結果

```
this is function2=100
```

8.9.3 回傳值=def 函數名稱(參數)

建立函數的動作，代參數進入函數中，並且回傳資料。

◉ 使用範例 1

設計一個函數叫做 fun3，並在程式中呼叫該函數。

◉ 範例程式：sample\ch08\24def3.py

```
1. def fun3(num1,num2):
2.    print("this is function3")
3.    return num1+num2
4.
5. print(fun3(1,2))
6. print(fun3(2,2))
```

◉ 執行結果

```
this is function3
3
4
```

◉ 使用範例 2

設計一個函數叫做 fun4，並在程式中呼叫該函數，在參數類別設定為初始值，萬一在呼叫時參數沒有定義的時候，就可以使用此初始值。

◉ 範例程式：sample\ch08\25def4.py

```
1. def fun4(n1=10,n2=20):
2.    s=n1+n2
3.    return s
```

```
 4.
 5. print(fun4(1,2))
 6. print(fun4(n1=1,n2=2))
 7. print(fun4(n2=1,n1=2))
 8. print(fun4(n1=1))
 9. print(fun4(n2=2))
10. print(fun4())
```

◉ 執行結果

```
3
3
3
21
12
30
```

以下的範例，是透過函數的設計，來計算與顯示九九乘法表。

◉ 範例程式：sample\ch08\26def5.py

```
 1. def fun5(n1,n2):
 2.     print(str(n1)+"*"+str(n2)+"="+str(n1*n2))
 3.
 4. x=0
 5. while x<9:
 6.     x=x+1
 7.     y=1
 8.     while y<10:
 9.         fun5(x,y)
10.         y=y+1
```

◉ 執行結果

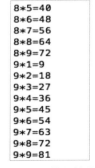

```
8*5=40
8*6=48
8*7=56
8*8=64
8*9=72
9*1=9
9*2=18
9*3=27
9*4=36
9*5=45
9*6=54
9*7=63
9*8=72
9*9=81
```

圖 8-12 執行結果

📽 教學影片

請見 8-9-3-def1.mp4 影片檔。

樹莓派 GPIO 控制 — 使用 Python

本章重點

9.1 Raspberry Pi 安裝 GPIO 模組

樹莓派的 GPIO 最主要的目的，是在與周邊的電子零件進行資料的互動，例如控制 LED 的開關、讀取按鈕的是否被按下、如何讀取感應器的數據等。

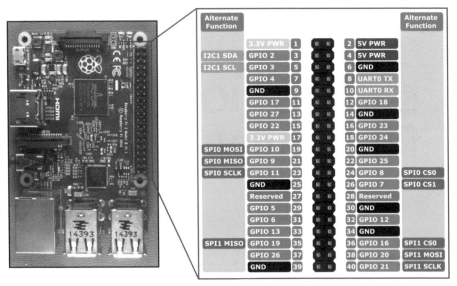

圖 9-1　Raspberry Pi 2、3、4 的 GPIO 的接腳和用途

 注意 這個表對樹莓派 GPIO 非常重要，請注意每一個接腳和編號。

因為 Raspberry Pi 實在太紅了，所以 Python 官方已經正式的把 Raspberry Pi 的 GPIO 功能正式加入 Python 中，所以本節的步驟不用特別執行。

而 Raspberry Pi 的 GPIO 函數因為持續更新，所以可不定時更新 GPIO 模組的版本。官方網址是 *https://pypi.python.org/pypi/RPi.GPIO*。

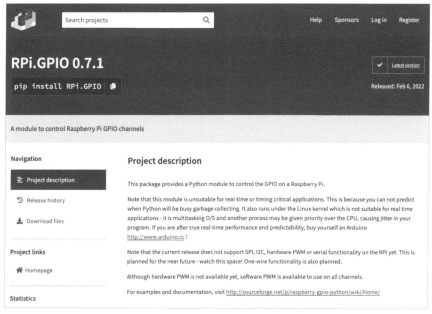

圖 9-2 Python RPi.GPIO 的下載網站

目前為止這個函式庫只有支援

- 數位輸入

- 數位資料輸出

- 使用軟體來模擬 PWM 的輸出

目前到 0.7.0 版本，還不能做到

- Serial 資料輸出和輸入

- I2C 資料輸出和輸入

- SPI 資料輸出和輸入

- PWM 硬體輸出入，但可以用軟體產生 PWM 軟體輸出。

此模組是開放原始程式碼 open source MIT 的專案，這些未完成的功能也許在不久的將來獲得改善，而本書會透過其他的函式庫來完成這些功能，請讀者放心。

因為 Raspberry Pi 的最新作業系統已經包含了此模組，若要取得最新的 RPi.GPIO，請透過以下的指令更新。

◉ 安裝 RPi.GPIO 流程

STEP 1 更新 PIP。

透過以下指令更新 Python 的 PIP 軟體。

```
$ /usr/bin/python3 -m pip install --upgrade pip
```

```
pi@powenko:~ $ /usr/bin/python3 -m pip install --upgrade pip
Defaulting to user installation because normal site-packages is not writeable
Looking in indexes: https://pypi.org/simple, https://www.piwheels.org/simple
Collecting pip
  Downloading pip-20.3.3-py2.py3-none-any.whl (1.5 MB)
     |████████████████████████████| 1.5 MB 861 kB/s
Installing collected packages: pip
  Attempting uninstall: pip
    Found existing installation: pip 20.2.4
    Uninstalling pip-20.2.4:
      Successfully uninstalled pip-20.2.4
^[$Successfully installed pip-20.3.3
```

圖 9-3 更新 PIP

STEP 2 安裝 RPi.GPIO。

透過 PIP 工具將下載的 RPi.GPIO。

```
$ pip3 install RPi.GPIO
```

```
pi@powenko:~ $ pip3 install RPi.GPIO
Defaulting to user installation because normal site-packages is not wri
teable
Looking in indexes: https://pypi.org/simple, https://www.piwheels.org/s
imple
Requirement already satisfied: RPi.GPIO in /usr/lib/python3/dist-packag
es (0.7.0)
```

圖 9-4 安裝 RPi.GPIO

STEP 3 確認版本。

透過 PIP3 的指令就確認 Python3 的 RPi.GPIO 版本。

```
$ pip3 list
```

```
pi@powenko:~ $ pip3 list
Package                 Version
----------------------- ---------
altgraph                0.17
appdirs                 1.4.4
asn1crypto              1.4.0
astroid                 2.4.2
asttokens               2.0.4
automationhat           0.2.2
backcall                0.2.0
beautifulsoup4          4.9.3
blinker                 1.4
blinkt                  0.1.2
buttonshim              0.0.2
Cap1xxx                 0.1.3
certifi                 2020.12.5
```

圖 9-5　確認版本

往下找一下函數庫的名稱「RPi.GPIO」就能看到版本編號。

```
RPi.GPIO                0.7.0
RTIMULib                7.2.1
scrollphat              0.0.7
scrollphathd            1.2.1
SecretStorage           2.3.1
semver                  2.0.1
Send2Trash              1.5.0
sense-emu               1.1
sense-hat               2.2.0
setuptools              40.8.0
simplegeneric           0.8.1
simplejson              3.16.0
six                     1.12.0
skywriter               0.0.7
sn3218                  1.2.7
soupsieve               1.8
spidev                  3.4
ssh-import-id           5.7
thonny                  3.2.6
tornado                 5.1.1
touchphat               0.0.1
traitlets               4.3.2
```

圖 9-6　RPi.GPIO 版本編號安裝 RPi.GPIO 模組

教學影片

請見 *9-1-python-gpio-install.mp4* 影片檔。

9.2　第一個 Raspberry Pi GPIO 的程式

使用 Python 來撰寫第一個 GPIO 的程式，為了使讀者知道原理，一樣分成二個方法來撰寫。

◉ **硬體準備**

- Raspberry Pi 板子

-  1 個 LED 燈

-  1 個 10K 的電阻（棕黑橘）

- 麵包板

- 電線數條

◉ **硬體接線**

將 Raspberry Pi 關機並拔除電源，依照下圖 9-7 的硬體接線圖，重新接一次硬體線路。確定 LED 燈短的接腳接到 Pin 6／Ground（就是 GND 接地），長的 LED 燈接到 Pin 7／GPIO4 後，下指令即可控制。

接著將 Raspberry Pi 的 GND 接地和 GPIO4（pin7）接上延長線到麵包板上，並接上 LED 燈和 1K 電阻。

Raspberry Pi 接腳 pin	元件接腳
Pin 7／GPIO4	LED 燈的長腳
GND	LED 燈的短腳，先接 1K ohm 電阻，再接到 Raspberry Pi

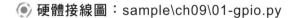 **硬體接線圖**：sample\ch09\01-gpio.py

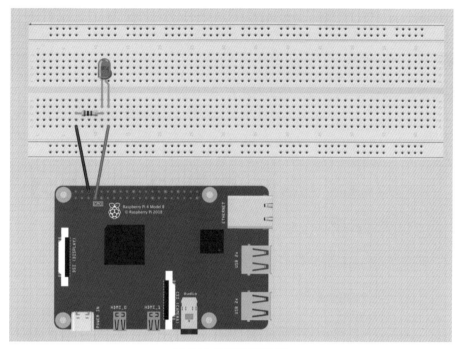

圖 9-7　實際硬體接線

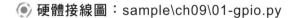 **直接在 Python 環境底下撰寫步驟**

STEP 1　執行 Python3 的程式。

一樣透過文字模式，先執行 Python3 的程式。

```
$ python3
>>>
```

STEP 2　在 Python 中輸入 RPi.GPIO 模組。

輸入 RPi.GPIO 模組，代表可以控制 GPIO 周邊設備，並把以下內容輸入 Python 的環境。

```
>>> import RPi.GPIO as GPIO
>>> GPIO.setmode(GPIO.BCM)
>>> GPIO.setwarnings(False)
```

STEP 3 設定 Raspberry Pi 的 GPIO 接腳。

簡單的測試設定是否正確，設定接腳 GPIO4 是輸出還是輸入。

```
>>> GPIO.setup(4,GPIO.OUT)
```

STEP 4 控制 Raspberry Pi 接腳 GPIO4 的電位。

將接腳 4 的電位設定為高的話，只要下這個指令就可以。

```
>>> GPIO.output(4,1)
```

將接腳 4 的電位設定為低的話，則下這個指令。

```
>>> GPIO.output(4,0)
```

這個步驟 4 重複多少次都沒關係，每執行一次，就可以控制這個接腳的開和關的動作。

```
pi@powenko:~ $ python3
Python 3.7.3 (default, Dec 20 2019, 18:57:59)
[GCC 8.3.0] on linux
Type "help", "copyright", "credits" or "license" for more information.
>>> import RPi.GPIO as GPIO
>>> GPIO.setmode(GPIO.BCM)
>>> GPIO.setwarnings(False)
>>> GPIO.setup(4,GPIO.OUT)
>>> GPIO.output(4,1)
>>> █
```

圖 9-8 整個動作流程

 注意 請注意 Raspberry Pi 的 GPIO 輸出電壓是 3.3V，不是 5V。建議使用三用電表量一下，增加印象。

STEP 5 離開 Python。

透過以下的指令即可離開 Python 的環境。

```
>>> exit()
```

完整指令可以參考範例程式 sample\ch09\01-gpio.py。

◉ 執行結果

圖 9-9　實際執行結果

🎬 教學影片

請見 *9-2-python3-gpio.mp4* 影片檔（請注意程式中設定接腳的方法是
GPIO.BCM，所以這裡指定的 4 是 GPIO4，所以算起來是第七個接腳）。

9.3　Raspberry Pi GPIO 數位讀出 GPIO.BCM-LED

◉ 步驟

STEP 1 打開文字編輯軟體，撰寫 Python 的程式。

透過文字編輯軟體 nano，來撰寫 Python 的程式。

```
$ nano 02-blink-GPIO4.py
```

STEP 2　撰寫程式。

這個程式主要的目的是要讓 GPIO4 同樣也是接腳 pin7，做開的動作 1 秒，再做關閉的動作 1 秒，一直重複。

範例程式：sample\ch09\02-blink-GPIO4.py

```
 1. #!/usr/bin/env python
 2. # author: Powen Ko
 3. import time, RPi.GPIO as GPIO
 4. GPIO.setwarnings(False)          # 關閉 GPIO 警告訊息
 5. GPIO.setmode(GPIO.BCM)           # 定義為 GPIO.BCM
 6. GPIO.setup(4, GPIO.OUT)          # GPIO4 的接口為數位輸出
 7.
 8. while True:
 9.     LEDon = GPIO.output(4, 0)    # GPIO4 暗
10.     time.sleep(1)
11.     LEDoff = GPIO.output(4, 1)   # GPIO4 亮
12.     time.sleep(1)
```

把程式複製和貼上，並透過「Ctrl + O」鍵儲存程式，最後透過「Ctrl + X」鍵離開程式。

程式解說

- 第 1 行：這是執行環境的定義檔，定義 Python 程式放在哪個路徑，沒有寫也不會影響執行結果。

- 第 5 行：請注意，這裡是定義 GPIO.BCM。

- 第 8 行：迴圈開始。

- 第 9 行：關閉 GPIO4 上的電源。

- 第 10 行：休息一秒鐘。

- 第 11 行：打開 GPIO4 上的電源。

 注意　GPIO.setmode(GPIO.BCM) 意思是說後面的接腳數字 4，全部都是指 GPIO4，也就是接腳 pin7。

```
  GNU nano 2.2.6              File: blink4.py

#!/usr/bin/env python
# author: Powen Ko
import time, RPi.GPIO as GPIO

GPIO.setmode(GPIO.BCM)
GPIO.setup(4, GPIO.OUT)

while True:
        LEDon = GPIO.output(4, 0)
        time.sleep(1)
        LEDoff = GPIO.output(4, 1)
        time.sleep(1)




                     [ Read 16 lines ]
^G Get Help ^O WriteOut ^R Read File^Y Prev Page^K Cut Text  ^C Cur Pos
^X Exit        ^J Justify  ^W Where Is ^V Next Page^U UnCut Tex^T To Spell
```

圖 9-10　整個動作流程

◉ **執行結果**

同上一章節。

📽 **教學影片**

請見 *9-3-demo-python-blink-GPIO4.mp4* 影片檔（該影片介紹如何透過 Python 控制 GPIO、Raspberry Pi 接腳 GPIO4 的電源輸出）。

9.4 Raspberry Pi GPIO 數位讀出 GPIO.BOARD-LED

GPIO.setmode 有兩種用法：

1. GPIO.setmode（GPIO.BCM）

2. GPIO.setmode（GPIO.BOARD）

它們的差異在於：

- GPIO.BCM：程式中 GPIO 模組的數字，定義方法會是以 1 為 GPIO1、2 為 GPIO2、3 為 GPIO3 等。

- GPIO.BOARD：程式中 GPIO 接腳號碼，定義方法會是以 1 為接腳 pin 1、2 為接腳 pin 2、3 為接腳 pin 3 等。

定義的方法不一樣，所控制的輸出也會不一樣。

如果用 GPIO.setmode（GPIO.BOARD）撰寫，在硬體接線如上一個章節完全一樣，不用調整，完整的程式如下。

◉ **範例程式**：sample\ch09\03-blink-Pin7.py

```
1. #!/usr/bin/env python
2. # author: Powen Ko
3. import time, RPi.GPIO as GPIO
4. GPIO.setwarnings(False)
5. GPIO.setmode(GPIO.BOARD)           # 設定為 BOARD
6. GPIO.setup(7, GPIO.OUT)            # Pin7 為數位輸出
7.
8. while True:
9.         LEDon = GPIO.output(7, 0)  # Pin 4 暗
10.        time.sleep(1)
11.        LEDoff = GPIO.output(7, 1) # Pin 4 亮
12.        time.sleep(1)
```

🖳 **教學影片**

請見 *9-4-python-blink-Pin7.mp4* 影片檔（該影片介紹如何透過 Python 控制 GPIRaspberry Pi 接腳 Pin7 的電源輸出，並且透過開、關的動作，製造 LED 燈閃爍的效果）。

9.5 Raspberry Pi GPIO 的數位輸出——閃爍

透過程式做修改，讓 LED 閃爍四次之後，就會離開程式。

◉ 步驟

透過 nano 文字編輯器輸入以下的程式，並存成 blink.py。此處筆者是使用 nano 文字編輯器。

```
$nano 04-blink4Times.py
```

並把下面的程式複製上去。

◉ 範例程式：sample\ch09\04-blink4Times.py

```
1. import RPi.GPIO as GPIO
2. import time
3. GPIO.setwarnings(False)
4. GPIO.setmode(GPIO.BCM)
5. GPIO.setup(4,GPIO.OUT)
6. count=0
7. while (count<4):              # 迴圈判斷
8.     GPIO.output(4, 1)         # GPIO4 亮
9.     time.sleep(1)             # 休息一秒
10.    GPIO.output(4, 0)         # GPIO4 暗
11.    time.sleep(1)             # 休息一秒
12.    count=count+1             # 計數器變數做累加的動作
13.
14. print("Good bye powenko.com")
```

把程式複製和貼上，並透過「Ctrl + O」鍵儲存程式，最後透過「Ctrl + X」鍵離開程式。

◉ 程式解說

- 第 1 行：這是執行環境的定義檔，定義 Python 程式放在哪個路徑。
- 第 5 行：請注意，這裡是定義 GPIO.BCM。
- 第 7 行：迴圈開始，由 0 到 3。
- 第 9 行：休息一秒鐘。

- 第 12 行：迴圈結尾。

- 第 14 行：顯示文字，就像是 print 的功用，把"" 之中的文字顯示出來。

◉ 執行結果

如何單獨執行 Python 程式？

可以透過以下指令執行 Python，這裡使用的 Python 程式檔案名稱是 blink.py，如果讀者要儲存成不同的檔案名稱，直接修改檔名即可。

```
$ sudo chmod +x blink.py
$ sudo ./blink.py
```

> 🎬 **教學影片**
>
> 請見 *9-5-blink4Times.mp4* 影片檔（該影片介紹如何透過 Python 控制檔案的存取並改變 GPIO 接腳的電源輸出，讓燈光閃爍 4 次後結束程式）。

9.6　Python GPIO 數位讀取──按鈕

一般來說，在撰寫控制周邊時，除了數位資料輸出之外，還有一個很重要的功能──讀取數位資料的輸入。這個功能可以用在很多地方，例如：實際的硬體按鈕是否被按下、感應器現在的執行情況等的應用。

底下將帶領讀者做一個硬體實驗，增加一個按鈕，並透過程式來判斷使用者是否按下，且當使用者按下按鈕時，程式便會得到使用者按下按鈕的動作，並且將 LED 燈亮起來。

◉ 硬體準備

- Raspberry Pi 板子
- 1 個 4 個接腳的按鈕

- 1 個 LED 燈
- 麵包板

- 2 個 10K 的電阻（棕黑橘）
- 電線數條

◉ 硬體接線

請先將 Raspberry Pi 關機並拔除電源，依照下圖的硬體接線圖，重新接一次硬體線路。LED 燈短的接腳接到 Ground，長的 LED 燈接腳則接到 GPIO4（即 Pin 7），Raspberry Pi 的 GND 接地和 GPIO4/ Pin 7 接上延長線到麵包板，並接上 LED 燈和 1K 電阻，到目前為止都跟前面範例的硬體接線相同。

接著將 4 個接腳的按鈕接到麵包板，底下的 2 個接腳分別接上電阻和電源，按鈕上頭的接腳，接上 Raspberry Pi 的 GPIO17 / Pin 11 的接腳。

Raspberry Pi 接腳 pin	元件接腳
Pin 7/GPIO4	LED 燈的長腳
GND	LED 燈的短腳，先接 1K ohm 電阻，再接到 Raspberry Pi
Pin 11/GPIO17	按鈕上頭的接腳
GND	按鈕底下的 1 個接腳接上電阻
Pin 2/5V	按鈕底下的另一個接腳接上電源

◉ **硬體接線圖：sample\ch09\05-input.fzz**

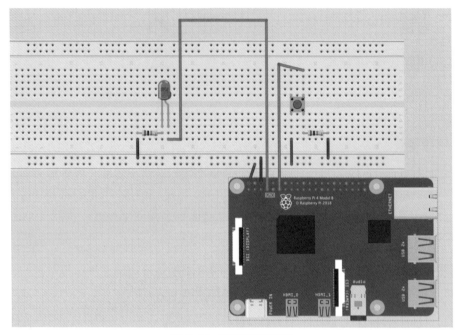

圖 9-11　實際硬體接線

透過文字編輯器輸入以下的程式，並存成 input.py，此處筆者是使用 nano 文字編輯器。

```
$nano 05-input.py
```

並把下面的程式複製上去。

◉ **範例程式：sample\ch09\05-input.py**

```
1. #!/usr/bin/python
2. import RPi.GPIO as GPIO
3. import time
4. GPIO.setwarnings(False)
5. GPIO.setmode(GPIO.BCM)
6. GPIO.setup(4,GPIO.OUT)
7. GPIO.setup(17,GPIO.IN)
8. while True:
9.     value01=GPIO.input(17)        # 讀取電壓回傳 1 或 0
10.    GPIO.output(4,value01)        # 輸出
11.    time.sleep(0.1)
```

把程式複製和貼上，並透過「Ctrl + O」鍵儲存程式，最後透過「Ctrl + X」鍵離開程式。

程式解說

- 第 1 行：註解的寫法，前面加個# 就可以成為註解。

- 第 4 行：關閉 GPIO 的警告訊息。

- 第 5 行：請注意，這裡是定義 GPIO.BCM。

- 第 6 行：設定 GPIO4 / Pin 7 的接腳，負責資料輸出 GPIO.OUT。

- 第 7 行：設定 GPIO17 / Pin 11 的接腳，負責資料輸入 GPIO.IN。

- 第 8 行：迴圈開始。

- 第 9 行：讀取 GPIO17 / Pin 11 的資料輸入。

- 第 10 行：設定 GPIO4 / Pin 7 的資料輸出。

- 第 11 行：休息 0.1 秒鐘。

執行結果

透過以下的指令即可執行 Python 程式。

```
$ python3 05-input.py
```

圖 9-12　執行結果

第 9 行 GPIO.input(17) 的電壓，讀到的是高過 3.3V 的話就會回傳 1，不然就會回傳 0，所以按下按鈕時，LED 燈就會亮。

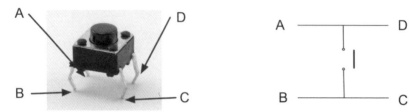

圖 9-13　4 個接腳的按鈕內的硬體線路

而 4 個接腳的按鈕：

- A 接腳會連到樹莓派的 GPIO4 / Pin 7 的接腳。

- D 接腳會連到樹莓派的 GND / Pin 6 的接腳。

- C 接腳會連到樹莓派的 5V / Pin 2 的接腳。

而按鈕平常沒有壓下時：

- 因為 A 和 D 相接，所以平時沒按下時，GPIO4 / Pin 7 的接腳會讀到 GND 的值，所以為 0。

而按鈕壓下時：

- 因為 A、C 和 D 相接，所以按下時，GPIO4 / Pin 7 的接腳會讀到 5V 的值，所以為 1。

📽 教學影片

請見 *9-6-python-input.mp4* 影片檔（該影片介紹如何透過 Python 控制按鍵的動作，去調整 LED 的開關）。

9.7 Raspberry Pi GPIO 數位邊緣觸發

數位輸入的動作，除了按下和放開之外，還有一組按下和放開那一剎那的動作。

在寫程式之前，先介紹數位輸入的幾個函數：

- wait_for_edge（接腳號碼）
- event_detected（接腳號碼）
- add_event_detect（接腳號碼，動作）
- add_event_callback（接腳號碼，呼叫的函數）

這是用來偵測輸入的變化，edge 動作有三種：

- GPIO.RISING ：低到高。
- GPIO.FALLING：高到低。
- GPIO.BOTH：低到高和高到低這兩者的動作。

9.7.1　GPIO.wait_for_edge(channel, edge)

等到事件發生時，才繼續往下一行程式執行。

- Channel：接腳。
- edge：偵測三種輸入的變化 GPIO.RISING（低到高），GPIO.FALLING（高到低），GPIO.BOTH（低到高和高到低動作）。

◉ 使用範例

GPIO4 / Pin 7 的接腳，當按鍵壓下去時，才能夠繼續執行。

```
import RPi.GPIO as GPIO
GPIO.setmode(GPIO.BCM)
GPIO.setup(12, GPIO.OUT)
GPIO.wait_for_edge(4, GPIO.RISING)
```

9.7.2　GPIO.add_event_detect(channel)

偵測三種輸入變化的接腳。

- channel：接腳。

9.7.3　回傳值=GPIO.event_detected(edge)

詢問是否發生了三種輸入變化的函數。

- edge：偵測三種輸入的變化 GPIO.RISING（低到高），GPIO.FALLING（高到低），GPIO.BOTH（低到高和高到低動作）。

- 回傳值：True 和 False，判斷是否發生。

◉ 使用範例

GPIO4 / Pin 7 的接腳，當按鍵放開時，會列印出 Button pressed 字串，可以透過 add_event_detect，設定 GPIO.RISING。

```
1. #!/usr/bin/python
2. #Author: Powen Ko
3. import RPi.GPIO as GPIO
4.
5. GPIO.setmode(GPIO.BCM)
6. GPIO.setup(4,GPIO.IN)
7.
8. GPIO.add_event_detect(4, GPIO.RISING)
9. while True:
10.     if GPIO.event_detected(4):
11.         print('Button pressed')
```

9.7.4　GPIO.add_event_callback(edge, DefName)

用來定義當特定的觸發事件發生時，要呼叫哪一個函數。

- edge：偵測三種輸入的變化 GPIO.RISING（低到高），GPIO.FALLING（高到低），GPIO.BOTH（低到高和高到低動作）。

- DefName：呼叫的函數。

◉ 使用範例

當按鍵壓下去時，做出反應，GPIO17 / Pin 11 的接腳，當按鍵壓下去時，會列印出「This is a edge event callback function!」字串。

```python
1. #!/usr/bin/python
2. import RPi.GPIO as GPIO
3.
4. GPIO.setmode(GPIO.BCM)
5. GPIO.setup(17,GPIO.IN)
6. def my_callback(channel):
7.     print('This is a edge event callback function!')
8.
9. GPIO.add_event_detect(17, GPIO.FALLING)
10. GPIO.add_event_callback(17,my_callback)
```

這範例特別的是透過 GPIO.add_event_callback，當事件發生時會呼叫 y_callback () 函數。

在這裡要分享，如果是 C 語言的函數，會寫成如下：

```c
void my_callback(int channel){
    print('This is a edge event callback function!');
}
```

而 Python 函數的寫法則如下所示，透過相同的空白來表示同一個 {...} 的範圍。

```python
my_callback(channel):
    print('This is a edge event callback function!')
```

◉ 硬體準備

- Raspberry Pi 板子

- 2 個 10K 的電阻（棕黑橘）

- 2 個 4 個接腳的按鈕

- 麵包板

- 電線數條

◉ 硬體接線

請先將 Raspberry Pi 關機並拔除電源，依照圖 9-14 的硬體接線圖，重新接一次硬體線路。

Raspberry Pi 接腳 pin	元件接腳
Pin 7 / GPIO4	第一個按鍵的 pin 4
Pin 11/ GPIO17	第二個按鍵的 pin 4
Pin 6/ GND	第一個按鍵的 pin 3，先接 10K ohm 電阻，再接到 Raspberry Pi
Pin 6/ GND	第二個按鍵的 pin 3，先接 10K ohm 電阻，再接到 Raspberry Pi
Pin 2/ 5V	第一個按鍵的 pin 1
Pin 2/ 5V	第二個按鍵的 pin 1

◉ 硬體接線圖：sample\ch09\06-edge.fzz

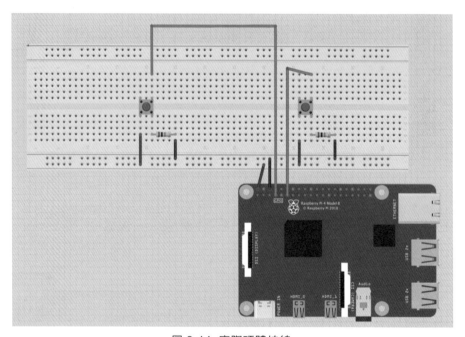

圖 9-14　實際硬體接線

透過文字編輯器輸入以下的程式，並存成 edge.py，此處筆者是使用 nano 文字編輯器。

```
$nano edge.py
```

並把程式複製上去。

◉ 範例程式：sample\ch09\06-edge.py

```python
 1. #!/usr/bin/python
 2. #Author: Powen Ko
 3. import RPi.GPIO as GPIO
 4. import time
 5. GPIO.setwarnings(False)
 6. GPIO.setmode(GPIO.BCM)
 7. GPIO.setup(4,GPIO.IN)
 8. GPIO.setup(17,GPIO.IN)
 9. def my_callback(channel):
10.     print('This is a edge event callback function!')
11.
12. GPIO.add_event_detect(17, GPIO.FALLING)
13. GPIO.add_event_callback(17,my_callback)
14.
15. GPIO.add_event_detect(4, GPIO.RISING)
16. while True:
17.     if GPIO.event_detected(4):
18.         print('Button pressed')
19.
20.
```

把程式複製和貼上，並透過「Ctrl + O」鍵儲存程式，最後透過「Ctrl + X」鍵離開程式。

◉ 程式解說

- 第 1 行：這是執行環境的定義檔，定義 Python 程式放在哪個路徑。

- 第 2 行：註解的寫法，前面加個# 就可以成為註解。

- 第 6 行：請注意，這裡是定義 GPIO.BCM。

- 第 7 行：設定 GPIO 4 / Pin 7 的接腳，負責資料輸出 GPIO.IN。

- 第 8 行：設定 GPIO 17 / Pin 11 的接腳，負責資料輸入 GPIO.IN。

- 第 12-13 行:設定當 GPIO17 的接腳按鍵放開時,就會產生 FALLING 電位下降的訊號,透過 callback 函數就會呼叫 my_callback 函數。

- 第 15-18 行:設定當 GPIO4 的接腳按鍵壓下時,就會顯示 Button pressed 的字串。

◉ 執行結果

透過以下的指令即可執行 Python 程式。

```
$ python3 06-edge.py
```

```
pi@raspberrypi:~ $ python3 06-edge.py
This is a edge event callback function!
This is a edge event callback function!
Button pressed
```

圖 9-15 執行結果

▦ 教學影片

請見 *9-7-python-gpio-edge.mp4* 影片檔(該影片將介紹如何透過 Python 取得 GPIO 接腳的「按下去」、「放開」的那一剎那)。

圖 9-16 實際硬體

9.8 Raspberry PiGPIO 的 PWM 輸出

脈衝寬度調製（Pulse Width Modulation，PWM）是利用微處理器的數位輸出，來模擬電路進行控制的一種非常有效的技術，被廣泛應用在測量、通信、步進馬達、功率控制變換等。

PWM 透過對一系列脈衝的寬度進行調配，來有效地獲得所需要的波形和電壓。它是一種類比時間高低控制方式，根據相應的變化，調製電晶體柵極或基極的偏置，來實現開關穩壓電源輸出電晶體或電晶體導通時間的改變。這種方式能使電源的輸出，在工作條件變化時產生不同的電壓，這是利用微處理器的數位輸出，來控制類比電路的一種非常有效的功能。

什麼是 PWM 訊號？它是將訊號編碼於脈波寬度上的一種技術，此技術以數位方式來模擬類比訊號，廣泛應用在資料傳輸上。因數位訊號只存在 High、LOW 電位的變化，相較於類比訊號，比較不會受到雜訊干擾。PWM 訊號中，脈波寬度在整個週期所占的比例稱為工作週期（duty cycle），是指位於邏輯高準位（logic high level）的波型在整個週期中所占的比例。

PWM 的一個優點是從處理器到被控系統信號都是數位形式的，無需進行轉換。讓信號保持為數位形式可使資料穩定，而這也是將 PWM 用於通信的主要原因。從模擬信號轉向 PWM 可以極大地延長通信距離，在接收端，透過適當的 RC 或 LC 網路可以濾除調製高頻方波，並將信號還原為模擬形式。

PWM 控制技術一直是變頻技術的核心技術之一。1964 年 A.Schonung 和 H.Stemmler 首先提出，將這項通訊技術應用到交流傳動中。從最初採用模擬電路完成三角調製波和參考正弦波比較，如下圖所示，把類比的電壓轉換為數位 PWM 的電壓型態。

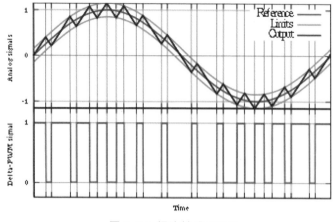

圖 9-17　類比轉成 PWM

嚴格來說，硬體上並沒有提供一個叫 PWM 的設計，Raspberry Pi 上的 PWM 功能是透過軟體模擬出來的，可以借用 GPIO.PWM 的函數來達到這樣的功能。

函數介紹

9.8.1　GPIO.PWM(channel, frequency)

該函數實際執行的原理是透過自己定的頻率。

- channel：接腳號碼。

- frequency：頻率單位是 Hz。

◉ 使用範例

設定接腳 4 的頻率為 100 Hz。

```
import RPi.GPIO as GPIO
GPIO.setmode(GPIO.BCM)
GPIO.PWM(4, 100)
```

9.8.2　GPIO.start(dc)

於程式啟動 PWM 時使用。

- dc：duty cycle 範圍在 0.0 到 100.0 之間，意思是高電壓的時間，在這個頻率中占多少。

◉ 使用範例

設定接腳 4 的頻率為 100 Hz，並且設定一半是高電壓，一半是低電壓。

```
import RPi.GPIO as GPIO
GPIO.setmode(GPIO.BCM)
GPIO.PWM(4, 100)
GPIO.start(50)
```

9.8.3　GPIO.changeFrequency(frequency)

程式中即時改變 frequency 頻率單位是 Hz，意思是一秒內變換幾次。

- frequency ：頻率單位是 Hz。

◉ 使用範例

設定接腳 4 的頻率為 50 Hz，由 100％都是高電壓，變換到頻率為 20 Hz。

```
import RPi.GPIO as GPIO
GPIO.setmode(GPIO.BCM)
GPIO.PWM(4, 50)
GPIO.start(100)
GPIO.start(50)
```

9.8.4　GPIO.changeDutyCycle(dc)

- dc：duty cycle 範圍在 0.0 到 100.0 之間，意思是高電壓的時間，在這個頻率中占多少。

◉ 使用範例

設定接腳 4 的頻率為 100 Hz，由 100％都是高電壓，變換到一半是高電壓，一半是低電壓。

```
import RPi.GPIO as GPIO
GPIO.setmode(GPIO.BCM)
GPIO.setup(12, GPIO.OUT)
GPIO.PWM(4, 100)
GPIO.start(100)
GPIO.ChangeDutyCycle(50)
```

如果設定 PWM 是 500Hz，下圖 9-18 的粗黑直線每個間隔就是 2 Milliseconds，即 1/500Hz 秒，也就是 PWM 的極限。

透過 GPIO.start(dc) 函數，指定 dc 參數數值在 0 到 100 之間，所以 GPIO.start(100) 100% 都是高電壓，造成 3.3V 的效果，若 GPIO.start(100/2)，就會造成 1.65V 的效果。

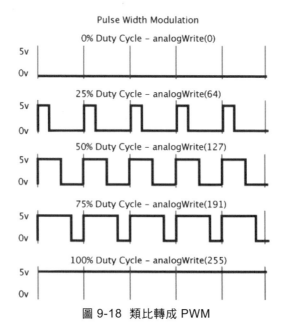

圖 9-18 類比轉成 PWM

如果有機會看視波器上輸出的樣子，如圖 9-19 所示。那是高電壓 3.3V 和 0V 之間快速轉換，透過時間差比例，才模擬出類比輸出這樣的效果。

圖 9-19　PWM 的範例，在視波器上執行的情況

本章節會透過 Python GPIO 來寫一個 PWM 的函數，以下範例就直接透過 LED 燈來顯示送出去的情況。

◉ 硬體準備

- Raspberry Pi 板子

- 2 個 10K 的電阻（棕黑橘）

- 2 個 LED 燈

- 麵包板

- 電線數條

◉ 硬體接線

先將 Raspberry Pi 關機並拔除電源，依照圖 9-20 的硬體接線圖，重新接一次硬體線路。

Raspberry Pi 接腳 pin	元件接腳
Pin 7 / GPIO4	第一個 LED 燈的長腳
Pin 11/ GPIO17	第二個 LED 燈的長腳
Pin 6/ GND	第一個 LED 燈的短腳，先接 10K ohm 電阻，再接到 Raspberry Pi
Pin 6/ GND	第二個 LED 燈的短腳，先接 10K ohm 電阻，再接到 Raspberry Pi

◉ 硬體接線圖：sample\ch09\07-pwm.fzz

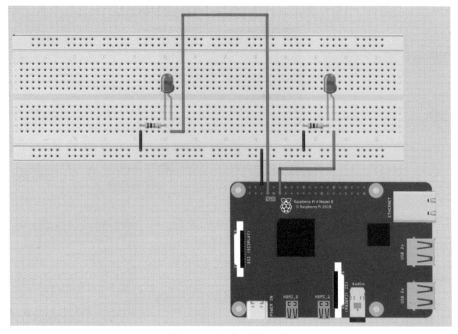

圖 9-20　實際硬體接線

透過文字編輯器輸入以下的程式，並儲存為 pwm.py，此處筆者是使用 nano 文字編輯器。

```
$nano pwm.py
```

並把程式複製上去。

◉ 範例程式：sample\ch09\07-pwm.py

```
1. #!/usr/bin/env python
2. # author: Powen Ko
3. import time, RPi.GPIO as GPIO
4. GPIO.setwarnings(False)
5. GPIO.setmode(GPIO.BCM)
6. GPIO.setup(4, GPIO.OUT)
7. GPIO.setup(17, GPIO.OUT)
8.
9. p1 = GPIO.PWM(4,1000)    # GPIO4 頻率=1000Hz
10. p2 = GPIO.PWM(17,10)    # GPIO17 頻率=10Hz
11. p1.start(0)             # 0% 的高電壓
```

```
12. p2.start(50)                    # 50% 的高電壓
13.
14. while True:
15.     for dc in range (5,101,5):
16.         p1.changeDutyCycle(dc)     #開關的比例
17.         p2.changeFrequency(dc)     #頻率的時間
18.         time.sleep(0.2);
19.
```

把程式複製和貼上，並透過「Ctrl + O」鍵儲存程式，最後透過「Ctrl + X」鍵離開程式。

◉ 程式解說

- 第 1 行：這是執行環境的定義檔，定義 Python 程式放在哪個路徑。

- 第 2 行：註解的寫法，前面加個 # 就可以成為註解。

- 第 5 行：請注意，這裡是定義 GPIO.BCM。

- 第 6 行：設定 GPIO 4 / Pin 7 的接腳，負責資料輸出 GPIO.OUT。

- 第 7 行：設定 GPIO 17 / Pin 11 的接腳，負責資料輸出 GPIO.OUT。

- 第 16 行：調整 GPIO4 的 DutyCycle 開關的比例。

- 第 17 行：調整 GPIO4 的 Frequency 頻率的時間。

◉ 執行結果

透過以下的指令即可執行 Python 程式，會發現如下的情況。

- GPIO 4 / Pin 7 在高速的頻率下，調整 duty cycle，會造成 LED 燈的明亮差異。

- GPIO 17 / Pin 11 在改變 PWM 的頻率下，會造成 LED 閃爍的快慢。

```
$ python3  07-pwm.py
```

```
pi@raspberrypi ~ $ python3 07-pwm.py
pwm.py:6: RuntimeWarning: This channel is already in use, continuing anyway.
  Use GPIO.setwarnings(False) to disable warnings.
  GPIO.setup(4, GPIO.OUT)
pwm.py:7: RuntimeWarning: This channel is already in use, continuing anyway.
  Use GPIO.setwarnings(False) to disable warnings.
  GPIO.setup(17, GPIO.OUT)
```

圖 9-21 執行結果

📽 教學影片

請見 *9-8-python-gpio-pwm.mp4* 影片檔（該影片介紹如何透過 Python 改變 PWM 的頻率和 duty cycle 的比例，改變 PWM 的頻率會造成 LED 閃爍的快慢，而在高速的頻率下，調整 duty cycle 會影響 LED 燈的明亮差異。教學影片的效果絕對比圖片好，強烈建議讀者觀看）。

圖 9-22 實際硬體

9.9 Raspberry Pi Analog 類比輸出

嚴格來說，Raspberry Pi 無法透過它現在的硬體 GPIO 做出輸出類比 Analog 電壓，但是在實際開發上有這樣需求的感應器實在太多，在此，將說明如何透過特別的技巧來達到此功能。

事實上 Raspberry Pi 無法直接輸出真正的類比電壓，像是 1.2V 或 0.8V 等這樣特定的電壓，那本節的類比輸出函數是如何做到？

方法一：

透過特別的 DAC（Digital to Analog Converter）IC 來做到這樣的效果。例如常見的 DAC IC 有：

- DAC0800LCN

- DAC080LCN

- DAC0808LCN

- TLC7524CD

方法二：

本節是透過 PWM 的方式在接腳上輸出一個高、一個低的效果，因為切換的速度極快，才會產生電壓差。

關於 PWM，在本書前面的 PWM 章節已介紹相關的知識，可以用這個方法模擬出類比電壓，AnalogWrite 較多被應用在 LED 亮度控制、電機轉速控制等方面。

可以透過高頻率的 PWM，並且讓高低電壓，對應的占空比（一定的時間中，低電壓的百分比）為 0 至 100%，所以輸出的電壓會在 0 到 3.3V 之間，所以是以 3.3V× 參數 value / 100 這樣的公式，來達到電壓的輸出。

前面有簡單提過 PWM，這裡就不多說了，本節會透過改變類比電壓，來調整 LED 燈的明亮。

◉ 硬體準備

-  Raspberry Pi 板子
-  麵包板

-  1 個 10K 的電阻（棕黑橘）
- 電線數條

- 1 個 LED 燈

◉ **硬體接線**

先將 Raspberry Pi 關機並拔除電源，依照圖 9-23 的硬體接線圖，重新接一次硬體
線路。

Raspberry Pi 接腳 pin	元件接腳
Pin 7 / GPIO4	第一個 LED 燈的長腳
Pin 6/ GND	第一個 LED 燈的短腳，先接 10K ohm 電阻，再接到 Raspberry Pi

◉ **硬體接線圖：sample\ch09\08-analog_outA.fzz**

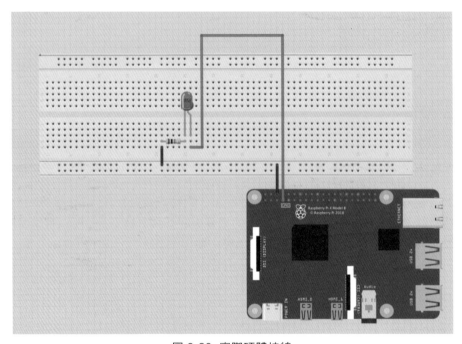

圖 9-23 實際硬體接線

但是，如果時間和設備允許，建議透過以下的硬體線路，把 PWM 的類比資料，
透過電容的充電放電的功能，讓原本方方正正的類比訊號，轉換成有弧度類比訊
號，這樣的硬體設計才會比較符合類比輸出。

所需硬體材料有：

- 1 個 3.9K 的電阻（橘白紅）。

- 1 個 0.1uF 電容。

◉ 硬體接線圖：sample\ch09\09-analog_outB.fzz

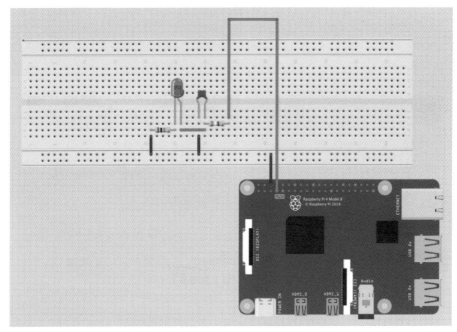

圖 9-24　加上 DAC 的實際硬體接線

如果設備許可，可以在視波器上面看到輸出的波形，會比較符合實際電壓，而不是高低電壓的變化，如下圖所示。

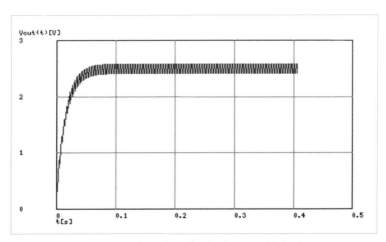

圖 9-25　在視波器看，加上 DAC 的波形

透過文字編輯器輸入以下的程式，並存成 edge.py，此處筆者是使用 nano 文字編輯器。

```
$nano 08-analog_output.py
```

並把程式複製上去。

◉ **範例程式**：sample\ch09\08-analog_output.py

```python
1.  #!/usr/bin/env python
2.  # author: Powen Ko
3.  import time, RPi.GPIO as GPIO
4.  GPIO.setwarnings(False)
5.  GPIO.setmode(GPIO.BCM)
6.  GPIO.setup(4, GPIO.OUT)
7.
8.  p1 = GPIO.PWM(4,1000)      # GPIO4 頻率=1000Hz
9.  p1.start(0)               # 0% 的高電壓
10.
11. while True:
12.     for dc in range (10,101,5):
13.         p1.changeDutyCycle(dc) #調整高電壓的比率
14.         time.sleep(1);#暫停一秒
15.
16.
```

把程式複製和貼上，並透過「Ctrl + O」鍵儲存程式，最後透過「Ctrl + X」鍵離開程式。

◉ **程式解說**

- 第 1 行：這是執行環境的定義檔，定義 Python 程式放在哪個路徑。

- 第 2 行：註解的寫法，前面加個# 就可以成為註解。

- 第 5 行：請注意，這裡是定義 GPIO.BCM。

- 第 6 行：設定 GPIO 4 / Pin 7 的接腳，負責資料輸出 GPIO.OUT。

- 第 13 行：改變週期的時間。

執行結果

透過以下的指令即可執行 Python 程式。

```
$ python3  08-analog_output.py
```

```
pi@raspberrypi ~ $ python3 08-analog_output.py
analog_output.py:6: RuntimeWarning: This channel is already in use, continui
ng anyway.  Use GPIO.setwarnings(False) to disable warnings.
  GPIO.setup(4, GPIO.OUT)
```

圖 9-26 執行結果

教學影片

請見 *9-9-python-gpio-analog.mp4* 影片檔（該影片介紹如何透過 Python 指定 GPIO 接腳的輸出電壓）。

圖 9-27 實際硬體量測結果

9.10 Raspberry Pi Analog 類比輸入

Raspberry Pi 無法直接輸入真正所謂的類比電壓，如 1.2V 或 0.8V 等，那有什麼方法可做到這樣的功能？因為有些感應器，是透過電壓改變回傳感應的情況。

這需要透過其他方法來解決這個問題，其中可以透過 ADC（Analog to digital converters）IC 來讀取類比資料，並透過 IC 轉換成 8bit 的數位資料。常見的 ADC IC 有：

- ADC0804：有八個接腳的數位輸出（本節會介紹）。
- MCP3008：只有四個接腳的數位輸出（本書 SPI 章節）。

圖 9-28　ADC IC 的外觀

 提醒 如果手上的 ADC IC 是 MCP3008，可以參考本書 SPI 章節，裡面有詳細的介紹。

但有趣的是，大多的 ADC IC 都是透過「SPI」的方法與 IC 溝通。

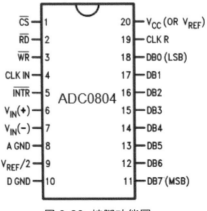

圖 9-29　接腳功能圖

◉ 接腳方法

Pin 號碼	功能	名稱
1	啟動 ADC；低電位時才會工作。	CS (Chip Select)
2	輸入端子；從高到低的脈衝後，會帶來讀取 8 個接腳轉換後的資料。	RD (Read) 讀取
3	輸入接腳：當低到高電位時，就會開始進行資料轉換。	Write
4	輸入時脈。	CLK IN(Clock IN)
5	輸出接腳；當這接腳輸出為低電壓時，就代表轉換完成。	Interrupt
6	類比的非反相（non-inverting）輸入，也就是要量測的類比電壓的接腳。	Vin(+)
7	類比的反向輸入，通常都直接接到 GND 接地上。	Vin(-)
8	接地。	Analog Ground
9	輸入接腳：設置的參考類比電壓的輸入。	Vref/2
10	接地。	Digital Ground
11	8 bit 數位輸出接腳。	D7
12		D6
13		D5
14		D4
15		D3
16		D2
17		D1
18		D0
19	提供內部計時器使用。	Clock R
20	5V 電壓。	Vcc

實驗一

光是 ADC 0804 接線就已經很複雜了，所以筆者把這次的動作分成兩階段，先來測試 ADC 是否接的正確。首先，做一個實驗，讀取可變電阻的資料，並透過 LED 燈顯示出來，這樣就是一個標準的讀取電阻值的硬體。

◉ 硬體準備

- 1 個 10K 的電阻（棕黑橘）
- 8 個 LED 燈
- 1 個 IC 是 ADC0804
- 1 個 150 pf 的電容

- 1 個可變電阻
- 麵包板
- 電線數條

◉ 硬體接線

這個實驗不用 Raspberry Pi 的硬體和軟體，是單純的硬體測試，請在沒有接上電源和電池的情況下，依照圖 9-30 的硬體接線圖，接過一次硬體線路。理論上 LED 燈要接電阻以防止燒壞。如果時間允許建議這麼做，這裡因為線路已經很完善，也可以省略，建議買好一點的 LED 燈，避免燒壞 LED 燈。

ADC0804 接腳 pin	元件接腳
Pin 1	電池 GND
Pin 2	電池 GND
Pin 3	Pin 5
Pin 4	接到電容
Pin 5	Pin 3
Pin 6	接到可變電阻
Pin 7	電池 GND
Pin 8	電池 GND
Pin 9	不用接線
Pin 10	電池 GND
Pin 11	第 1 個 LED 燈的長腳，然後 LED 燈的短腳，先接 10K ohm 電阻，再接到 GND

ADC0804 接腳 pin	元件接腳
Pin 12	第 2 個 LED 燈的長腳，然後 LED 燈的短腳，先接 10K ohm 電阻，再接到 GND
Pin 13	第 3 個 LED 燈的長腳，然後 LED 燈的短腳，先接 10K ohm 電阻，再接到 GND
Pin 14	第 4 個 LED 燈的長腳，然後 LED 燈的短腳，先接 10K ohm 電阻，再接到 GND
Pin 15	第 5 個 LED 燈的長腳，然後 LED 燈的短腳，先接 10K ohm 電阻，再接到 GND
Pin 16	第 6 個 LED 燈的長腳，然後 LED 燈的短腳，先接 10K ohm 電阻，再接到 GND
Pin 17	第 7 個 LED 燈的長腳，然後 LED 燈的短腳，先接 10K ohm 電阻，再接到 GND
Pin 18	第 8 個 LED 燈的長腳，然後 LED 燈的短腳，先接 10K ohm 電阻，再接到 GND
Pin 19	先接 10K ohm 電阻，再接到電容
Pin 20	3.3V 電池的正極

◉ 硬體接線圖：sample\ch09\10-analog_inputA.fzz

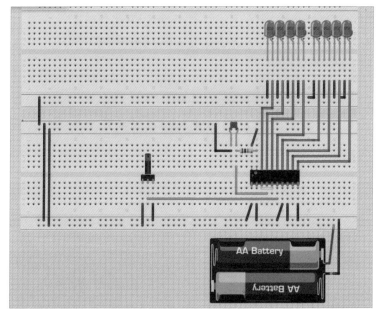

圖 9-30 實際硬體接線

◉ 執行結果

此實驗不用 Raspberry Pi，請先確定硬體線路接線正確後，再接上 5V 或 3.3V 的電池（2 個 AA 的電池）。實驗的目的是透過調整可變電阻，就可以看到 8 個 LED 燈顯示 2 進位的電阻資料。如果手邊沒有電池，也可以用 Raspberry Pi 的 GPIO 上的 Pin1 電壓為 3.3 V 和 Pin6 GND 來代替電池。

🎬 教學影片

由於硬體線路較多，如果操作不順利，可以和 *9-10-adc0804-demo.mp4* 影片檔互相比對，看是哪個接腳沒有接好。該影片介紹如何透過 ADC0804 的 IC 讀取可變電阻，並把資料顯示在 8 個 LED 上。

圖 9-31　實際硬體量測結果

實驗二

如果第一個實驗順利，接下來繼續做第二個實驗，把這 8 條所謂的數位資料接到 Raspberry Pi 的板子上，再透過程式來讀取資料，並把它顯示在電腦螢幕上。

◉ 硬體準備

跟上一個實驗一樣的硬體，請把電池移除，這裡使用 Raspberry Pi 來供電。

- 　Raspberry Pi 板子
- 　電線數條

◉ 硬體接線

請先把上一個 ADC0804 實驗接好，關機後拔除電源，並把上一個實驗的電池拔掉，依照圖 9-32 的硬體接線圖接上 Raspberry Pi 的硬體線路。唯一不同的是把 LED 燈上面的 8 條接線，接到 Raspberry Pi 的 GPIO 上，和電源做些調整就好。

Raspberry Pi 接腳 pin	ADC0804 元件
Pin 1 / 電源 3.3V	Pin 20
Pin 6/ GND	電源 GND
Pin 7 / GPIO4	Pin 18
Pin 11 / GPIO17	Pin 17
Pin 12 / GPIO18	Pin 16
Pin 13 / GPIO21	Pin 15
Pin 15 / GPIO22	Pin 14
Pin 16 / GPIO23	Pin 13
Pin 18 / GPIO24	Pin 12
Pin 22 / GPIO25	Pin 11

◉ **範例程式**：sample\ch09\11-analog_inputB.fzz

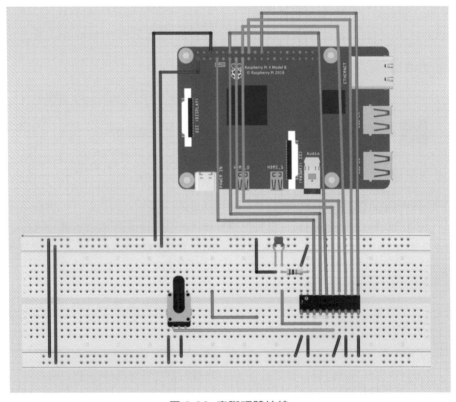

圖 9-32　實際硬體接線

透過文字編輯器輸入以下的程式，並存成 11-analog_input.py，此處筆者是使用 nano 文字編輯器。

```
$ nano 11-analog_input.py
```

並把程式複製上去。

◉ **範例程式**：sample\ch09\11-analog_input.py

```
1. #!/usr/bin/env python
2. # author: Powen Ko
3. import time, RPi.GPIO as GPIO
4. GPIO.setwarnings(False)
5. GPIO.setmode(GPIO.BOARD)          # 注意這裡用 BOARD
6. GPIO.setup(7, GPIO.IN)
7. GPIO.setup(11, GPIO.IN)
```

```
 8. GPIO.setup(12, GPIO.IN)
 9. GPIO.setup(13, GPIO.IN)
10. GPIO.setup(15, GPIO.IN)
11. GPIO.setup(16, GPIO.IN)
12. GPIO.setup(18, GPIO.IN)
13. GPIO.setup(22, GPIO.IN)
14. while True:
15.     a0 = GPIO.input(7)
16.     a1 = GPIO.input(11)
17.     a2 = GPIO.input(12)
18.     a3 = GPIO.input(13)
19.     a4 = GPIO.input(15)
20.     a5 = GPIO.input(16)
21.     a6 = GPIO.input(18)
22.     a7 = GPIO.input(22)
23.     total=a0+(a1*2)+(a2*4)+(a3*8)+(a4*16)+(a5*32)+(a6*64)+(a7*128)
24.     print(a7,a6,a5,a4,a3,a2,a1,a0,"[",total,"]")
25.     time.sleep(0.1)
```

把程式複製和貼上，並透過「Ctrl + O」鍵儲存程式，最後透過「Ctrl + X」鍵離開程式。

◉ 程式解說

- 第 1 行：這是執行環境的定義檔，定義 Python 程式放在哪個路徑。

- 第 2 行：註解的寫法，前面加個 # 就可以成為註解。

- 第 5 行：請注意，這裡是定義 GPIO.BOARD，所以是用實際的接腳號碼來做設定。

- 第 6 行：設定 GPIO 4 / Pin 7 的接腳，負責資料輸入 GPIO.IN。

- 第 14 行：無盡迴圈。

- 第 15 行：讀取 GPIO 4 / Pin 7 的接腳，並存放在變數 a0。

- 第 23 行：因為每一個接腳的資料只有 1 和 0，所以換算 2 進位到 10 進位，方便閱讀。

- 第 24 行：顯示每個接腳的資料數入，和全部的 10 進位資料。

◉ 執行結果

透過以下的指令，就可以執行 Python 程式。要離開的時候按下「Ctrl + Z」鍵即可。

```
$ python3  11-analog_input.py
```

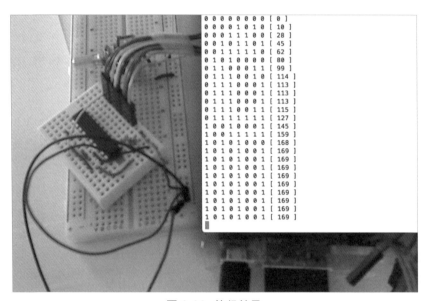

圖 9-33　執行結果

🎬 教學影片

請見 *9-10-python-gpio-analog-input.mp4* 影片檔，該影片介紹如何透過 Python 讀取可變電阻的值。

🪶補充資料

別擔心因為一下子占用了 8 個 GPIO 的接腳後，就沒有其他的接腳可以使用，萬一接腳還是不夠的話，有二個方法：

1. 透過 74HC595 的 IC 來達到。只需 Raspberry Pi 的 3 個 GPIO 的接腳。

2. 使用 Arduino 這類的板子。透過 Arduino 讀取類比資料輸入，而樹莓派和 Arduino 透過「Raspberry Pi 的 GPIO UART 序列埠資料傳遞」的技巧溝通。

9.11 UART 序列埠資料傳遞—— 使用 UART 登入樹莓派

本節會介紹一種常見的資料傳輸技術，可以讓資料在不同的機器之間傳遞，這樣的技術普遍使用在電子業界，例如 Raspberry Pi 運用這樣的技術和 Arduino、PC 等其他硬體做溝通。

◉ UART 是什麼？

UART 是通用異步收發傳輸器（Universal Asynchronous Receiver/Transmitter，通常稱作 UART），是一種異步收發傳輸器，為電腦硬體的一部分，將資料由串行通信與並行通信間作傳輸轉換。UART 通常用在與其他通訊介面（如 RS-232, COM port, TTL Serial）的連結上。

◉ USB 轉 TTL 轉換器

筆者比較建議直接透過二個 USB 轉 TTL 的轉接頭，就能達到目的。因為 Linux 驅動程式的考量，建議使用 PL2303 這個 IC。

圖 9-34　USB 轉 com 的轉接頭

樹莓派雖然 GPIO 有一組 Pin8 和 Pin10 RX/TX 的 UART，但是太多軟體、系統版本問題，需要修改很多軟體檔案設定，所以除非真的要節省成本，可以找最新的設定方法來處理。筆者會建議直接添購 USB 轉 TTL 的硬體，接在樹莓派的 USB 上直接使用。

為了證明 Raspberry Pi 可以做 UART 的資料傳遞，需要借用個人電腦的序列埠，跟著整個實驗步驟到最後，就會看到如何做到個人電腦與 Raspberry Pi 的資料傳遞。

這裡 Raspbery Pi 和電腦連接：

- PC 使用 USB 轉 TTLSerial 硬體。

- RPI 使用 GPIO Pin 6、8、10 接到 TLLSerial 硬體。

◉ 硬體準備，PC 使用 RS243 轉 TTL

- Raspberry Pi 板子

- 1 個 COM 序列埠 RS232 轉 TTL 的轉換器

- 麵包板

- 接線

◉ 硬體接線

在 PC 和樹莓派的 USB 接口，各接一個 USB 轉 TTL 並透過杜邦線，將兩者接在一起。

Raspberry Pi 端	P C 端 USB 轉 TTL Serial
Pin10/RX	USB 轉 TTL 板子的 TX
Pin8/TX	USB 轉 TTL 板子的 RX
Pin6/GND 接地	USB 轉 TTL 的 GND 接地

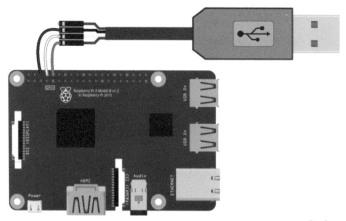

fritzing

圖 9-35 USB 轉 TTL 板子對接

9.11.1 Windows PC 電腦上用 USB 轉 TTL 板子

使用第三方軟體來讀取和送出資料，讀者可以選擇自己熟悉的 UART 軟體，

例如：

- 使用 Hyper Terminal。
- 使用 Putty。

Windows 上的 Hyper Terminal 安裝

STEP 1 確認硬體是否已接好。可以到 Windows\系統\Device Manager\中的 Ports
（COM & LPT）中查看。以筆者的畫面為例，可以看到有個 Usb-to-Serial
Comm Port 是使用 com 23，所以請讀者注意自己的 com port 號碼，如果
使用的是桌上型電腦，也請確定一下連接的 com port 號碼，應該會是 com
1 和 com 2，請以實際的為主。如果沒有驅動程式的話，常見 PL2303 這個
IC 需要安裝 Windows 驅動程式，網址為 *https://www.prolific.com.tw/US/*
ShowProduct.aspx?p_id=225&pcid=41

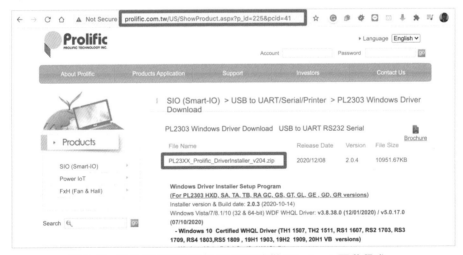

圖 9-36 常見 PL2303 這個 IC 需要安裝 Windows 驅動程式，

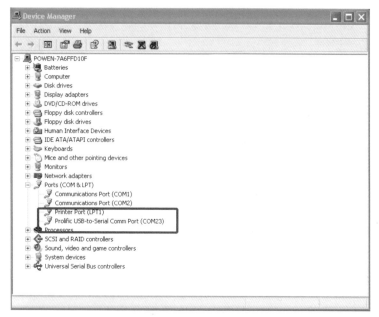

圖 9-37　確定連接的 com port 號碼

STEP 2　打開 Windows 中的 Hyper Terminal 軟體。從程式集中的 Accessories\
Communications 找到 Hyper Terminal 軟體；在新版的 Windows 已經移除
該軟體，可以在網路下載（使用試用版就夠使用了），網址為 *https://www.
hilgraeve.com/windows-10-hyperterminal-hyperaccess/*。

圖 9-38　下載 Hyper Terminal

📺 **教學影片**

安裝 Windows 中的 Hyper Terminal 軟體教學影片請參考
9-11-1-DownloadHyperTerminal.mp4 影片檔。

9.11.2　Windows 上的 Hyper Terminal 使用

STEP 1 打開 Hyper Terminal 軟體之後，為它設定一個名稱。

圖 9-39　設定名稱

STEP 2 Hyper Terminal 軟體會詢問要連結哪一個 com port。在做這個動作之前，請先確定 Arduino 板子已經連到電腦上，並且依照 Step 1 確定連結的 com port 號碼。

圖 9-40　設定 com port

STEP 3 設定雙方的傳輸速度，在這裡筆者選用的是：

- Bits per second：115200

- Data bits：8

- Parity：None

- Stop bits：1

- Flow control：None

然後按「OK」鈕確定。

圖 9-41　設定

STEP 4 確認 Raspberry Pi 在關機的情況下已經接好硬體接線，並樹莓派重新打開 Raspberry Pi。

◉ **執行結果**

登入帳號：pi，密碼是 raspberry，使用一段時間之後，會發現這就是 Terminal 文字版的樹莓派的作業系統。

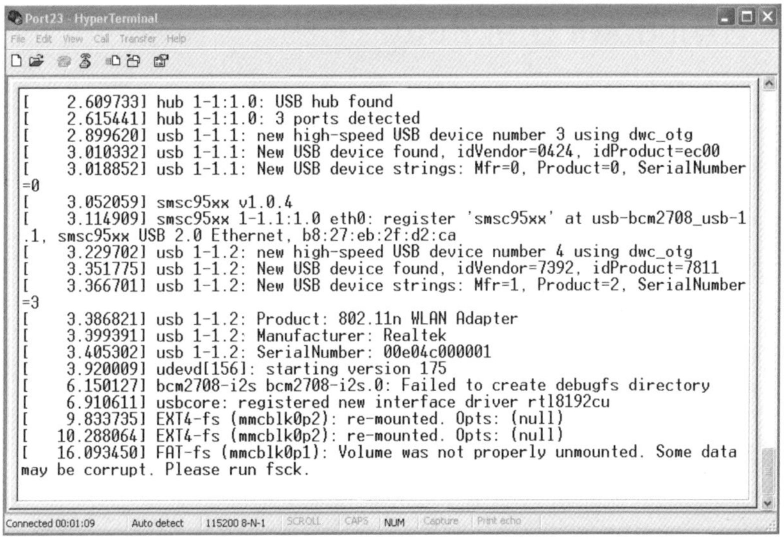

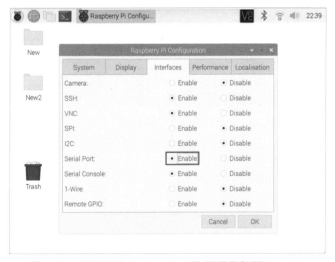

圖 9-42 開機時，就會看到 Raspberry Pi 傳過來的 Boot 資料

若是沒有修改 Raspberry Pi 的 Raspbian OS 系統，每次開機時，硬體就會透過 GPIO 的 UART 接腳送出資料。如果沒有出來的話，可試著把 RX／TX 的線對調一下，很多時候因硬體廠商的關係，上面印刷的文字可能是相反的，同時確定樹莓派的 Raspberry Pi Configuration/Interface 中的 Serial Port 選項是打開的。

圖 9-43 樹莓派的 Serial Port 的選項是打開 Enable

🖥 教學影片

請見 *9-11-2-uart-pc-boot.mp4* 影片檔。

9.11.3　Windows 使用 Putty

STEP 1 Putty 安裝方法請參考本書〈3.20 Windows 透過 putty 做 SSH 遠端連線〉。

STEP 2 打開 Putty 軟體之後。

- 點選 Serial。

- 請依照裝置管理員上顯示的位置，設定連結 COM。

- 速度 Speed 設定為 115200。

- 點選 Open。

就可以順利連接到樹莓派的 TTL。

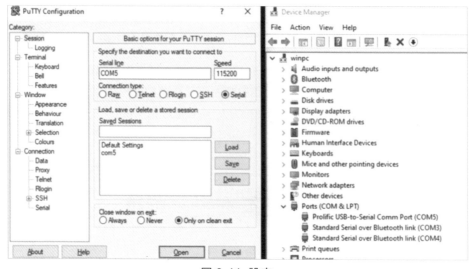

圖 9-44　設定

📽 教學影片

請見 *9-11-3-Putty-USBTTY.mp4* 影片檔。

9.11.4 樹莓派 TTL

完成上面的實驗,可以發現作業系統裡面已經安裝好 TTY 連線軟體。

這意味著,上一節的實驗完成後,將 Windows Hyper Terminal 軟體透過上面的方法連接後按下「Enter」鍵,即可連線到 Raspberry Pi。這是因為 Raspberry Pi 的 TTY 軟體是內建的,所以正透過 UART 連線,使用 TTY 在跟 Raspberry 溝通。

◉ 如何使用 Pin 8/ Pin 10 做一般的資料傳遞?

由於 Raspberry Pi 的系統內定已開啟 TTY,會透過 UART 送出開機訊息,該如何關閉 TTY 軟體(尤其當樹莓派 3b 的 Pin 8 和 Pin 10 都已經藍牙占用時)?

透過以下方法可以將關閉,關閉後如果又需要它,再反做一次回來即可。

STEP 1 執行文字編輯器,修改一下設定檔。

```
sudo nano /boot/config.txt
```

在最後添加一段文字

```
dtoverlay=pi3-miniuart-bt
```

請按下「Ctrl+O」鍵儲存和「Ctrl+X」鍵離開 nano 文字編輯系統。

STEP 2 關閉 TTY 軟體,以避免 TTY 軟體占用 GPIO 的 UART 接腳。

透過文字編輯軟體

```
$ nano /boot/cmdline.txt
```

在這個檔案中,會看到一段

```
console=serial0,115200
```

修改如下

```
# console=serial0,115200
```

請按下「Ctrl+O」鍵儲存和「Ctrl+X 」鍵離開 nano 文字編輯系統。

STEP 3 完成設定後，要重新開機設定檔才會正常工作。

```
$ sudo halt
```

不過還是建議使用 USB 轉 TTL 的硬體接在 USB 孔，會比較簡單。

9.12 UART 序列埠資料傳遞——樹莓派和 PC

本節會介紹 PC 和樹莓派，如何各自使用軟體和鍵盤輸入文字，傳遞到對方和受到對方所傳過來的文字。

這裡 Raspbery Pi 和電腦連接：

- PC 使用 USB 轉 TTLSerial 硬體。
- RPI 使用 USB 轉 TTLSerial 硬體。

◉ 硬體準備，PC 使用 RS243 轉 TTL

- Raspberry Pi 板子

- 2 個 COM 序列埠 RS232 轉 TTL 的轉換器

- 麵包板

- 接線

◉ 硬體接線

在 PC 和樹莓派的 USB 接口，各接一個 USB 轉 TTL 並透過杜邦線，將兩者接在一起。

Raspberry Pi 端 USB 轉 TTL Serial	PC 端 USB 轉 TTL Serial
USB 轉 TTL 板子的 RX	USB 轉 TTL 板子的 TX
USB 轉 TTL 板子的 TX	USB 轉 TTL 板子的 RX
USB 轉 TTL 的 GND 接地	USB 轉 TTL 的 GND 接地

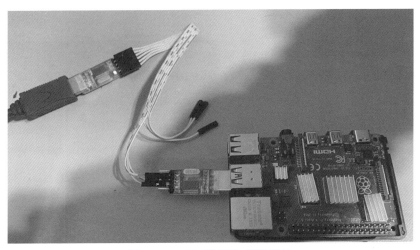

圖 9-45 USB 轉 TTL 板子對接

9.12.1 介紹 minicom

minicom 是一個小型的工具軟體，可以被安裝在 Linux 上的軟體，能透過 serial port 送資料到其他的設備上，其功能如同 Windows 上面 putty 和 Hyper Terminal。

◉ 安裝 minicom

STEP 1 更新安裝程式。

安裝的時候先更新 apt-get。

```
$sudo apt-get update
$sudo apt-get upgrade
```

STEP 2 安裝 minicom。

安裝方法如下：

```
$ sudo apt-get install minicom
```

```
pi@raspberrypi ~ $ sudo apt-get install minicom
Reading package lists... Done
Building dependency tree
Reading state information... Done
The following extra packages will be installed:
  lrzsz
The following NEW packages will be installed:
  lrzsz minicom
0 upgraded, 2 newly installed, 0 to remove and 0 not upgraded.
Need to get 420 kB of archives.
After this operation, 1,189 kB of additional disk space will be used.
Do you want to continue [Y/n]? Y
Get:1 http://mirrordirector.raspbian.org/raspbian/ wheezy/main lrzsz armhf 0
.12.21-5 [106 kB]
```

圖 9-46 安裝 minicom

STEP 3 確認 USB 設備的位置。

請在樹莓派接上 USB 轉 serial 硬體之前和之後各執行一次：

```
$ ls /dev/tty*
```

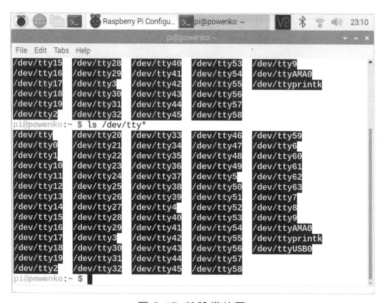

圖 9-47 找設備位置

請注意，當硬體接上 USB 的時候，如果驅動程式認得這個硬體，便會自動產生一個新檔案，有很高的機率會叫做 /dev/ttyUSB0，但實際的名字，請讀者自行觀察。

STEP 4 連線。

想連線到其他設備時，透過以下的指令即可送出資料。

```
$minicom -b 115200 -o -D /dev/ttyUSB0
```

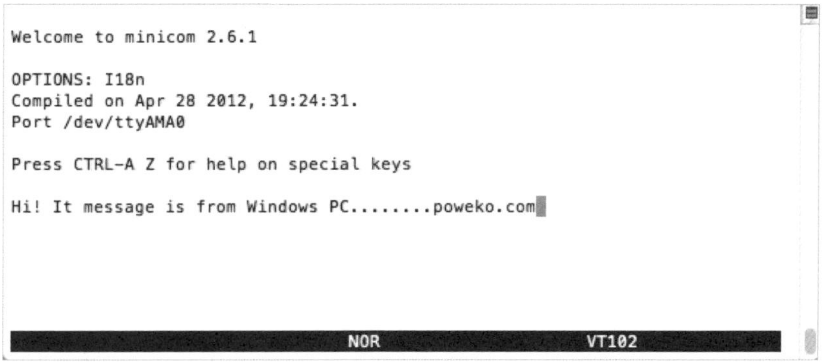

```
Welcome to minicom 2.6.1

OPTIONS: I18n
Compiled on Apr 28 2012, 19:24:31.
Port /dev/ttyAMA0

Press CTRL-A Z for help on special keys

Hi! It message is from Windows PC........poweko.com

                         NOR                    VT102
```

圖 9-48 執行 minicom

執行結果

筆者是透過 Windows 的 Hyper Terminal 與 Raspberry Pi 的 minicom 溝通，只要透過鍵盤打字，就會把資料傳遞過去。同樣的，樹莓派和 PC 鍵盤上輸入文字，電腦那邊也會收到所輸入的文字。

樹莓派要離開 minicom，請先按下「Ctrl + A」鍵，再緊接著按下「Z」鍵，會出現 minicom 的選單，這時按下「X」鍵，會詢問是否要離開，選「Yes」鈕就可以離開。

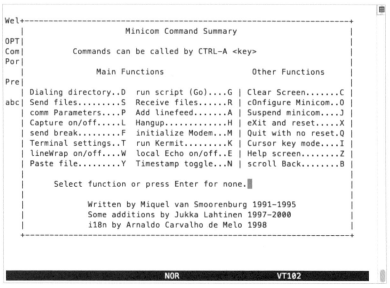

圖 9-49　按下「Ctrl + A」鍵，再按下「Z」鍵就可離開 minicom 視窗

教學影片

請見 *9-12-1-ap-minicom.mp4* 影片檔，該影片介紹如何在 Raspberry Pi 使用 minicom 軟體與 PC 溝通。

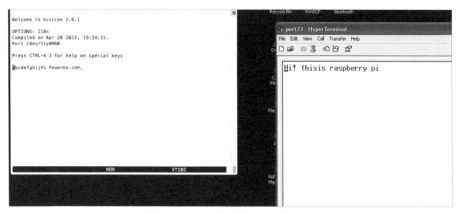

圖 9-50　使用 minicom 軟體與 PC 的 com port 溝通

9.13 UART 序列埠資料傳遞──透過 Python

讀者想透過 Python 程式來傳遞資料的話，依照下面的步驟完成即可。

◉ 安裝模組

在 Raspberry Pi 上要使用 UART 之前，需要先安裝 python-serial 模組。

```
$ sudo apt-get install python-serial
```

```
pi@raspberrypi ~ $ sudo apt-get install python-serial
Reading package lists... Done
Building dependency tree
Reading state information... Done
Suggested packages:
  python-wxgtk2.8 python-wxgtk2.6 python-wxgtk
The following NEW packages will be installed:
  python-serial
0 upgraded, 1 newly installed, 0 to remove and 0 not upgraded.
Need to get 79.0 kB of archives.
After this operation, 483 kB of additional disk space will be used.
Get:1 http://mirrordirector.raspbian.org/raspbian/ wheezy/main python-serial
 all 2.5-2.1 [79.0 kB]
Fetched 79.0 kB in 1s (71.3 kB/s)
Selecting previously unselected package python-serial.
(Reading database ... 79759 files and directories currently installed.)
Unpacking python-serial (from .../python-serial_2.5-2.1_all.deb) ...
Setting up python-serial (2.5-2.1) ...
```

圖 9-51 安裝 python-serial 模組

透過文字編輯器輸入以下的程式，並存成 ser.py（此處筆者是使用 nano 文字編輯器）。

```
$ nano 12-ser.py
```

並把程式複製上去。

◉ 範例程式：sample\ch09\12-ser.py

```
1. #!/usr/bin/env python
2. # author: Powen Ko
3. import serial
4. import time
5.
6. port = serial.Serial("/dev/ttyUSB0", baudrate=115200, timeout=3.0)
7. port.write("\r\nHi! I am Raspberry")
8. while True:
```

```
9.      ch = port.read()
10.     print(ch)
11.     time.sleep(0.1)
```

把程式複製和貼上，透過「Ctrl + O」鍵儲存程式，最後透過「Ctrl + X」鍵離開程式。

◉ 程式解說

- 第 6 行：請注意，這裡定義傳輸速度為 115200，並透過 GPIO 上面的 Pin，也就是/dev/ttyUSB0。

- 第 7 行：送出 TX 字串。

- 第 8 行：無盡迴圈。

- 第 9 行：讀取 RX 字元。讀取傳過來的字元。

注意　在第 6 行的「/dev/ttyUSB0」請依照實際的情況調整設備的位置，如果是要用 Pin8、Pin 10 的話，可以改成「/dev/ttyAMA0」，也可以改成「COM2」執行在 Windows PC。

◉ 執行結果

透過以下的指令就可以在樹莓派執行 Python 程式，要離開的時候按下「Ctrl + Z」鍵即可。

```
$ python3. 12-ser.py
```

而 Windows 也可以透過 HyperTerminl 或 putty 執行。

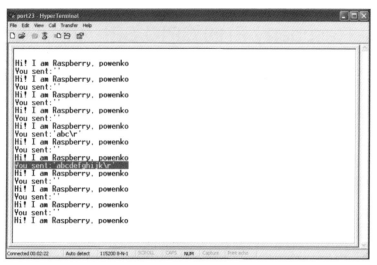

圖 9-52 執行結果

教學影片

請見 *9-13-uart-python.mp4* 影片檔，影片介紹如何透過 Python 去讀取 UART 序列傳遞資料。

補充資料

這一個 Python 的程式可以用在很多地方，可以兩個樹莓派對接，也可以用在 PC 和 PC 之間的連結，只要留意一下 COM 的位置，就可以使用。另外，Arduino 也可以接在樹莓派的 USB 孔上，透過這一個程式就可以讀取和送出的資料。

9.14　Raspberry Pi 的 GPIO SPI

Raspberry Pi 的 SPI 有系統特定的接腳可以使用，但設定需要特別的模組與動作。而 SPI（Serial Peripheral Interface）是由摩托羅拉公司提出的一種同步串列外部設備，介面匯流排，它可以使 MCU 與各種周邊設備，以串列方式進行通信與交換資訊。匯流排採用 3 條或 4 條資料線進行資料傳輸，常用的是 4 條線，即兩條控制線（選擇目標對象的 CS 和時脈 SCLK），以及兩條資料信號線資料，輸入 SDI 和資料輸出 SDO。

SPI 是一種高速、全雙工、同步的通信匯流排。在摩托羅拉公司的 SPI 技術規範中，資料信號線 SDI 稱為 MISO（Master-In-Slave-Out，主入從出），資料信號線 SDO 稱為 MOSI（Master-Out-Slave-In，主出從入），控制信號線 CS 稱為 SS（Slave-Select，從屬選擇），SCLK 稱為 SCK（Serial-Clock，串列時鐘）。在 SPI 通信中，資料是同步進行發送和接收的。資料傳輸的時鐘，基於來自主處理器產生的時鐘脈衝，摩托羅拉公司沒有定義任何傳輸速度的規定。

◉ PI 介面資料傳輸

SPI 是以主從方式工作（Master/Slave），允許一個主設備和多個從設備進行通信，主設備透過不同的 SS/CS 信號線選擇不同的從設備進行通信。當主設備選中某一個從設備後，MISO 和 MOSI 用於串列資料的接收和發送，SCK 提供串列通信時脈，上升就發送，下降就接收。在實際應用中，未選中的從設備的 MOSI 信號線需處於高阻狀態，否則會影響主設備與要傳遞的設備間的正常通信。

序列周邊接口（Serial Peripheral Interface Bus，SPI）又稱串行外設接口，每個設備有 4 條線。

- SS/CS 選取哪個周邊設備。

- MOSI 主機送出訊號。

- MISO 主機接收訊號。

- CLK 時脈。

其中 SS（Slave Select）是主機（Master）選擇向哪個周邊設備（Slave）通信，每個不同設備單獨連接一條專用線，信號高表示不啟用，信號低表示啟用。

另外三條線則可以供多個設備共用（主機應保證通過 SS 專線只選擇一個設備）。

- MOSI（Master out, slave in）主機發送、周邊設備接收。

- MISO（Master in, slave out）主機接收、周邊設備發送。

- CLK 時鐘/ 時脈信號。

9.14.1　SPI 設定

STEP 1　啟動 GPIO 的 SPI 接腳。

確定樹莓派的 Raspberry Pi Configuration/Interface 中的 SPI 的選項是打開的。

圖 9-53　開啟 SPI 接腳的設定

◉ SPI 安裝 Python 模組

接下來，需要安裝 Raspberry Pi 的 Python GPIO SPI 的模組，請依照下面的步驟執行。

STEP 1 建立下載的文件夾。

因為稍後要由網路上下載檔案,所以先準備一個文件夾以存放資料。

```
$ mkdir py-spidev
$ cd py-spidev
```

STEP 2 下載原始程式碼。

請確定網路一切正常,並執行以下的指令。

```
$ wget https://raw.github.com/doceme/py-spidev/master/setup.py
$ wget https://raw.github.com/doceme/py-spidev/master/spidev_module.c
```

STEP 3 安裝。

```
$ sudo python setup.py install
```

◉ 實驗介紹

本 SPI 實驗會使用 SPI 的控制方法來控制一顆 ADC IC 來讀取類比資料,並透過 IC 轉換成 4bit 的數位資料。常見的 ADC IC 有:

- ADC0804:有 8 個接腳的數位輸出 (〈9.10 Raspberry Pi Analog 類比 輸入〉有介紹)。

- MCP3008:只有 4 個接腳的數位輸 出(本章節介紹)。

圖 9-54　MCP3008 的外觀

右圖是 MCP3008 接腳的功能。

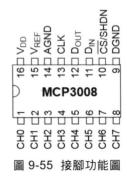

圖 9-55　接腳功能圖

所以 SPI 派上用場了,因為這一顆 IC 就需要使用 SPI 的方法來控制。

本實驗會讀取可變電阻的資料,並透過 MCP3008 的 IC 轉換成數位資料輸入到 Raspberry Pi。

◉ 硬體準備

- 1 個可變電阻
- 1 個 MCP3008 IC
- 1 個 Raspberry Pi
- 麵包板
- 電線數條

◉ 硬體接線

這個實驗請在沒有接上電源和電池的情況下進行。依照下頁的硬體接線圖,接過一次硬體線路。理論上可以多接幾個可變電阻在 MCP3008 接腳 Pin1～Pin8,因為這個 IC 可以同時讀取 8 個類比 Analog 的輸入。

ADC0804 接腳 pin	MCP3008
3.3V	Pin16/ VDD
3.3V	Pin15/ VREF
GND	Pin14/ AGND
GPIO11(pin-23)	Pin13/ CLK
GPIO9(pin-21)	Pin12/ DOUT
GPIO10(pin-19)	Pin11/ DIN
GPIO8(pin-24)	Pin10/ CS
GND	Pin9/ DGND

◉ 硬體接線圖：sample\ch09\13-spi.fzz

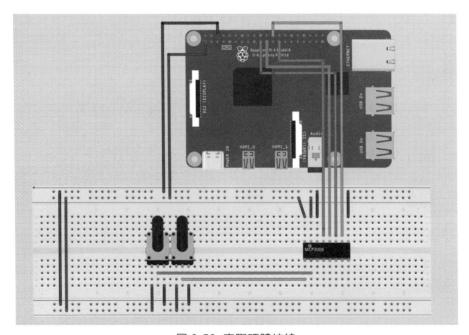

圖 9-56　實際硬體接線

透過文字編輯器輸入以下的程式，並存成 spicode.py，此處筆者是用 nano 文字編輯器。

```
$nano 13-spicode.py
```

並把程式複製上去。

◉ 範例程式：sample\ch09\13-spicode.py

```
1.  #!/usr/bin/python
2.  # Aurthor: Powen Ko
3.  import spidev
4.  import time
5.  import os
6.  # Open SPI bus
7.  spi = spidev.SpiDev()
8.  spi.open(0,0)
9.  #從 MCP3008 晶片讀取 SPI 資料的函數
10. # 通道必須是整數 0-7
11. def Readchannel(channel):
12.    adc = spi.xfer2([1,(8+channel)<<4,0])
```

```
13.     data = ((adc[1]&3) << 8) + adc[2]
14.     return data
15.
16. # 定義傳感器通道
17. while True:
18.    #讀取傳感器資料
19.    data1 = Readchannel(0)
20.    data2 = Readchannel(1)
21.    # 輸出結果
22.    print("value1: {}  value2:{}".format(data1,data2))
23.    time.sleep(0.3)
```

把程式複製和貼上，透過「Ctrl + O」鍵儲存程式，最後透過「Ctrl + X」鍵離開
程式。

◎ **程式解說**

- 第 1 行：這是執行環境的定義檔，定義 Python 程式放在哪個路徑。

- 第 2 行：註解的寫法，前面加個# 就可以成為註解。

- 第 5 行：請注意，這裡是透過 spidev 模組。

- 第 17 行：無盡迴圈。

- 第 19 行：讀取第一個 Pin1 的資料。

- 第 20 行：讀取第一個 Pin2 的資料。

- 第 22 行：顯示資料。

- 第 23 行：延遲 0.3 秒。

◎ **執行結果**

透過以下的指令就可以執行 Python 程式。要離開的時候按下「Ctrl + Z」鍵即可。

```
$ python3 13-spicode.py
```

圖 9-57　執行結果

🎬 教學影片

請參考 *9-14-1-python-spi.mp4* 影片檔，影片介紹如何透過 Python，並經由 SPI 讀取 2 個可變電阻的值。

Raspberry Pi 實戰應用 —— 物聯網篇、網路控制 GPIO

本章重點

第 6 章曾介紹過網路伺服器的安裝，並在第 7 章介紹過使用 Python 來控制 GPIO，而本章的重點是要結合這兩種功能，讓使用者在遠端，透過網路就能利用手機或平板控制 Raspberry 上的 GPIO，並更進一步的成為雲端居家控制或智慧城市的控制。

10.1 實戰──Python 網頁伺服器

相信各位學習 Python 到現在，或多或少都有一些程式想要分享，但是在執行程式的時候，需要安裝完整的 Python 的驅動程式和相關的函式庫。是否有更簡單的方法能夠讓朋友可以直接取得，或者是你所開發的 Python 程式有兩個方法可以使用。前者是使用安裝程式，將完整的 Python 程式安裝（這個部分我們在後面的章節將會介紹）。後者是將 Python 成為伺服器的方式，讓使用者透過網頁的方法來交換資料，也可以透過遠端網路 IP 的方法，即時和你的程式之間做一個連結的互動。本章節將介紹和使用 Python，產生一個網頁伺服器。

◉ 安裝

使用 Python 3.x，請使用 Python 的函示庫 http.server，可以透過以下的方法測試。

```
$ python3  -m http.server 8888
```

執行後，使用網頁瀏覽器輸入 *http://127.0.0.1:8888/*，就可以看到硬碟檔案路徑顯示在網頁瀏覽器上面。

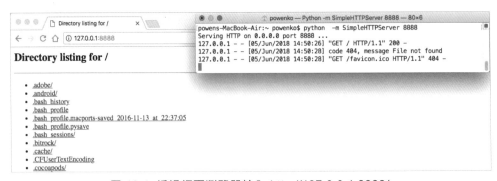

圖 10-1　透過網頁瀏覽器輸入 *http://127.0.0.1:8888/*

10.2 開發自己的網頁伺服器

這個章節之中，將要介紹如何透過 Pythonx 撰寫的程式，並在之後的章節介紹如何調整和修改相關重要的網路功能。在這裡，因為 Python 程式函式庫的問題，所以會透過版本的判別處理不同的內容，比較特別的是，執行本程式時可以指定參數，透過其參數允許用戶自己指定網路的 Port。

在這個程式比較特別的是以下指令

```
httpd.serve_forever()
```

當整個程式執行到這裡時，就會產生一個死迴圈，程式就會停在這邊，等待用戶對該通訊埠 Port 的網路的動作，但是會產生另外的問題——當要離開這個 Python 程式時，需要透過鍵盤「Ctrl+C」，強制關閉程式，這樣就會讓程式無法順利結束，並且會讓通訊埠 Port　持續的被占用，而產生問題。所以在這裡透過這樣的技術，呼叫 httpd.server_close() 抓取關閉的工作並且關閉網路和恢復通訊埠 Port，另外 socketserver.TCPServer.allow_reuse_address = True 也可以讓這個問題會有改善。

◉ **範例程式：** sample\ch10\01-httpServer.py

```
1. import sys
2. import socketserver as socketserver
3. import http.server
4. from http.server import SimpleHTTPRequestHandler as RequestHandler
5. port = 8888            #內定網路的 Port  8888
6. print('Server listening on port %s' % port)  #顯示網路位置和 port
7. socketserver.TCPServer.allow_reuse_address = True   #處理網路 Port 被占據
8. httpd = socketserver.TCPServer(('127.0.0.1', port), RequestHandler)  #啟動
9. try:
10.    httpd.serve_forever() #持續網路的動作
11. except:
12.    print("Closing the server.")
13. httpd.server_close()      #關閉網路
14. raise
```

◉ **執行結果**

執行本程式之後，請在相同的電腦上，透過網路瀏覽器輸入 *http://127.0.0.1:8888* 網路位置，就可以看到資料。

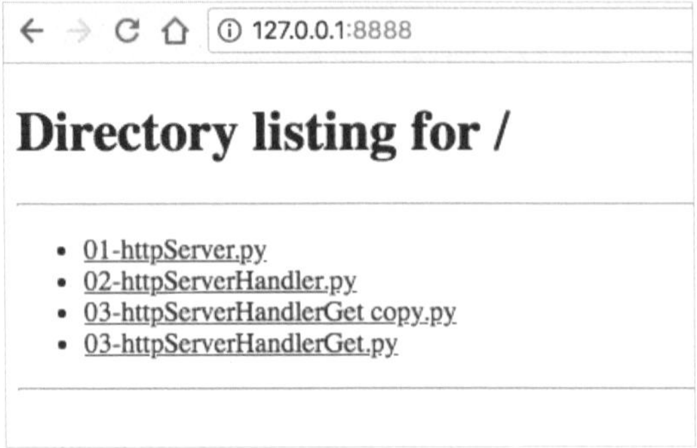

圖 10-2　執行結果

可以看到本程式的相同路徑的檔案，顯示在網頁瀏覽器上面。如果在相同的網域的其他電腦或者是平板和手機，可以透過執行的本程式的電腦網路位置 IP，也可以遠端的連線喔。

🎬 **教學影片**

詳細的教學影片請看 *10-2-httpServer.mp4*，內有詳細的解說。

10.3　顯示 HTTP 內容

剛剛的範例程式會發現，只能顯示程式相同路徑的檔案於網頁瀏覽器上。

那如何修改和調整、顯示和回傳我們所設定的內容呢？可以透過 OOP 繼承的方式，來繼承原本的 HTTP 反應的類別

```
SimpleHTTPRequestHandler
```

只要讓我們程式中的修改關鍵性的 SimpleHTTPRequestHandler class method 類別方法，就可以達到顯示 HTML，以下程式將會處理該類別的 do_GET 方法。

◉ **範例程式**：sample\ch10\02-httpServerHandler.py

```
1. import sys
2. import time
3. import socketserver as socketserver
4. import http.server
```

```
 5. from http.server import SimpleHTTPRequestHandler as RequestHandler
 6.
 7. class MyHandler(RequestHandler):         # 繼承原本的 HTTP 反應的類別
 8. def do_GET(self):                        # 修改和覆蓋原本 HTTP Get 方法
 9.     self.send_response(200)              # HTML 200 網路反應正確
10.     self.send_header("Content-type", "text/html") # 網路為文字
11.     self.end_headers()                   # HTML 表頭處理完畢
12.     output = "<html><body>Hello</body></html>"     # 網頁內容
13.     self.wfile.write(output.encode()) # 回傳網頁內容給使用者
14.
15. port = 8888                                   # 內定網路的 Port 8888
16. print('Server listening on port %s' % port)   #顯示本程式的網路位置和 port
17. socketserver.TCPServer.allow_reuse_address = True  #處理網路 Port 被占據
18. httpd = socketserver.TCPServer(('127.0.0.1', port), MyHandler)
    #啟動並指定反應類別
19. try:
20.     httpd.serve_forever() # 持續網路的動作
21. except:
22.     print("Closing the server.")
23. httpd.server_close() # 關閉網路
24. raise
```

◉ 執行結果

執行本程式之後，請在相同的電腦上，透過網路瀏覽器輸入 *http://127.0.0.1:8888*
網路位置，就可以看到資料。

圖 10-3　執行結果

🎬 教學影片

詳細的教學影片請見 *10-3-httpServerHandler.mp4*，內有詳細的解說。

10.4 取得 HTTP GET 所傳遞的資料

本節將介紹，如何透過 URL 取得用戶所傳過來的資料。這樣的應用，各位可以經常使用，在電腦的瀏覽器觀看網頁時，會發現有很多的網頁的 URL，已經包含了所有要傳遞的資料，例如本章範例

```
http://127.0.0.1:8888/?name=powenko&password=123
```

關鍵的技術在 self.path 這一個 Property 屬性可以取得網路完整的 URL，然後透過 Urlparse 類別，解析出透過 HTTP GET 傳遞過來的資料，並且把它轉換成 Dictionary 字典資料型態。

◉ 範例程式：sample\ch10\03-httpServerHandlerGet.py

```
1. 整個程式替換如下
2.
3. import sys
4. import time
5. import socketserver as socketserver
6. import http.server
7. from http.server import SimpleHTTPRequestHandler as RequestHandler
8. from urllib.parse import urlparse
9.
10.
11. class MyHandler(RequestHandler):      # 繼承原本的 HTTP 反應的類別
12.     def do_GET(self):                 # 修改覆蓋原本 HTTP Get 方法
13.         query = urlparse(self.path).query # 取得和解析網路完整的 URL
14.         if query!="":
15.             dic1 = dict(qc.split("=") for qc in query.split("&")) #取資料
16.
17.         self.send_response(200)     # 呼叫 HTML 表頭處理
18.         self.send_header("Content-type", "text/html")
19.         self.end_headers()
20.         try:
21.             output = "<html><body>Hello name="+
22.             dic1["name"]+ " password="+
23.             dic1["password"]+"</body></html>"
24.         except:
25.             output = "error"
26.         self.wfile.write(output.encode()) # 回傳網頁內容給使用者
27.
28. port = 8888     # 內定網路的 Port8888
```

```
29. socketserver.TCPServer.allow_reuse_address = True
    #處理網路 Port 被占據
30. httpd = socketserver.TCPServer(('0.0.0.0', port), MyHandler) #啟動
31. try:
32.     httpd.serve_forever()      # 持續網路的動作
33. except:
34.         print("Closing the server.")
35. httpd.server_close() # 關閉網路
36. raise
```

◉ 執行結果

執行本程式之後，請在相同的電腦上，透過網路瀏覽器輸入 *http://127.0.0.1:8888/?name=powenko&password=123* 網路位置，就可以看到資料。

圖 10-4　執行結果

📽 教學影片

詳細的教學影片請見 *10-4-httpServerHandlerGet.mp4*，內有詳細的解說。

10.5 取得 HTTP POST 所傳遞的資料

網路上傳遞資料，比較安全的方法是透過 HTTP POST，會讓資料傳遞相對的安全一些，關鍵的技術在 self.rfile.read(varLen) 這個 Property 屬性可以取得 HTTP POST 的內容，但是該函數需要知道用戶數傳遞過來的資料長度，所以需要透過

來達到這個目的。再透過 Urlparse 類別，解析出透過 HTTP POST 傳遞過來的資料，並且把它轉換成 Dictionary 字典資料型態。

```
varLen = int(self.headers['Content-Length'])
```

但是為了測試 HTTP POST，執行 04-httpServerHandlerPost.py 的 python 程式後，需要在瀏覽器上打開另外一個範例程式 04-httpServerHandlerPost.html 進行測

試，在 html 的程式中，使用 method="post" 把網頁表單裡面的內容透過 HTTP POST 丟到「*http://127.0.0.1:8888/*」這個 Python 網路程式的網址，這樣才可以看得到效果。

◉ **範例程式**：sample\ch10\04-httpServerHandlerPost.html

```
1.  <!DOCTYPE html>
2.  <html>
3.  <body>
4.  __author__ = "Powen Ko, www.powenko.com"
5.  <form action="http://127.0.0.1:8888/" method="post">
6.      name: <input type="text" name="name"><br>
7.    password: <input type="text" name="password"><br>
8.    <input type="submit" value="Submit">
9.  </form>
10.
11. </body>
12. </html>
```

這個程式的邏輯，與 HTTP GET 非常的類似，不同的是專門處理 HTTP POST 的通訊協定。

◉ **範例程式**：sample\ch10\04-httpServerHandlerPost.py

```
1.  import sys
2.  import time
3.  import socketserver as socketserver
4.  import http.server
5.  from http.server import SimpleHTTPRequestHandler as RequestHandler
6.  from urllib.parse import urlparse
7.  from urllib.parse import parse_qs
8.
9.  class MyHandler(RequestHandler):
10.    def do_POST(self):   # 修改蓋原本 HTTP Post 方法
11.        varLen = int(self.headers['Content-Length']) # 取得資料長度
12.        if varLen > 0:   # 取得和解析網路完整的 URL
13.            query_components = parse_qs(self.rfile.read(varLen),
                                          keep_blank_values=1)
14.            name = query_components[b"name"][0]
15.            password = query_components[b"password"][0]
16.
17.        self.send_response(200)
18.        self.send_header("Content-type", "text/html")
19.        self.end_headers()
20.        try:
21.            output = "<html><body>Hello name="+ name+
22.                   " password="+ password+
```

```
23.                         "</body></html>" # 網頁內容
24.             self.wfile.write(output)
25.
26.        except:
27.            output = "error"
28.        self.wfile.write(output.encode()) # 回傳網頁內容給使用者
29.
30. port = 8888                # 內定網路的 Port8888
31. socketserver.TCPServer.allow_reuse_address = True #處理網路 Port 被占據
32. httpd = socketserver.TCPServer(('0.0.0.0', port), MyHandler) #啟動
33. try:
34.    httpd.serve_forever()   # 持續網路的動作
35. except:
36.         print("Closing the server.")
37. httpd.server_close() # 關閉網路
38. raise
```

◉ 執行結果

這個範例程式執行的方式比較特別，請將本節的 Python 程式執行後，透過檔案總管的點選打開 *04-httpServerHandlerPost.html*，將網頁執行在瀏覽器中。

圖 10-5　瀏覽器中打開該 html

並且在網頁上面的帳號和密碼輸入資料後，按下送出的動作 Sumit，這樣該 HTML 就能透過 HTML POST 的方式，呼叫該 Python 網頁程式。

這程式因為繼承的關係，會收到 HTTP POST 的需求，將傳遞過來的資料回傳，並且顯示在瀏覽器中。

圖 10-6　透過瀏覽器顯示結果

🎞 教學影片

詳細的教學影片請見 *10-5-httpServerHandlerPost.mp4*，內有詳細的解說。

10.6 透過網頁呼叫 Raspberry Pi 的 GPIO

要如何做到透過網頁呼叫 Raspberry Pi 的 GPIO 呢？只需要網頁呼叫 Python 的網頁是伺服器，並控制 GPIO。您是否曾經想過，明明人不在家卻可以透過網路關閉家裡的電器，還可以得知家裡的溫度？本節將透過 LED 燈模擬出家裡的電器開關、利用可變電阻來代表家裡的溫度，當然您也可以利用溫度感應器調整程式，並且在 Raspberry Pi 上架設網頁伺服器，透過網路從手機或平板上的瀏覽器連線、控制 Raspberry Pi。

◉ 硬體準備

- Raspberry Pi 板子
- 麵包板
- 2 個 LED 燈
- 接線
- 1 個 10K ohm 電阻

◉ 硬體接線

Raspberry Pi 接腳	元件接腳
Pin 7 / GPIO 4	Led 1 長腳
GND	Led 1 短腳，透過 10K ohm 電阻
Pin 11 / GPIO 17	Led 2 長腳
GND	Led 2 短腳，透過 10K ohm 電阻

◉ 硬體接線圖：sample\ch10\05-remote.fzz

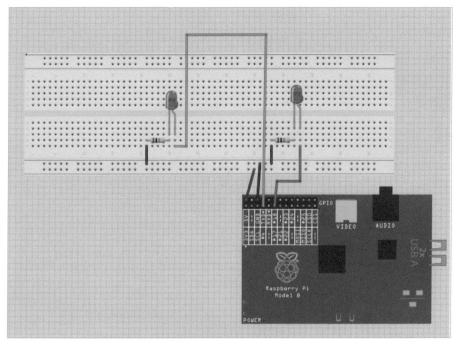

圖 10-7 實際硬體接線

◉ 範例程式：sample\ch10\05-httpServerHandlerGet-GPIO.py

```
1. import sys
2. import time
3. import socketserver as socketserver
4. import http.server
5. from http.server import SimpleHTTPRequestHandler as RequestHandler
6. from urllib.parse import urlparse
7.
8. import time                # 時間
9. import RPi.GPIO as GPIO    # GPIO 的庫
10.
11. GPIO.setmode(GPIO.BCM)    # 設定為 BCM
12. GPIO.setup(4, GPIO.OUT)   # 設定為 GPIO4 為輸出
13. GPIO.setup(17, GPIO.OUT)  # 設定為 GPIO17 為輸出
14.
15.
16. class MyHandler(RequestHandler):        # 繼承原本的 HTTP 反應的類別
17.    def do_GET(self):                    # 修改覆蓋原本 HTTP Get 方法
18.        query = urlparse(self.path).query # 取得和解析網路完整的 URL
```

```
19.
20.         if query!="":                        #取資料
21.           dic1 = dict(qc.split("=") for qc in query.split("&"))
22.
23.         self.send_response(200)              # 呼叫 HTML 表頭處理
24.         self.send_header("Content-type", "text/html")
25.         self.end_headers()
26.         try:
27.           output = "<html><body>Hello gpio="+
28.                     dic1["gpio"]+ " on/off="+
29.                     dic1["onoff"]+"</body></html>"
30.           gpio=int(dic1["gpio"])              # 文字轉數字
31.           onoff=int(dic1["onoff"])           # 文字轉數字
32.           GPIO.output(gpio, onoff)           # 設定 GPIO 動作
33.         except:
34.           output = "error"
35.         self.wfile.write(output.encode()) # 回傳網頁內容給使用者
36.
37. port = 8888                                  # 內定網路的 Port8888
38. socketserver.TCPServer.allow_reuse_address = True #處理網路 Port 被占據
39. httpd = socketserver.TCPServer(('0.0.0.0', port), MyHandler) #啟動
40. try:
41.     httpd.serve_forever()                    # 持續網路的動作
42. except:
43.     print("Closing the server.")             # 關閉網路
44. httpd.server_close()
45. raise
```

◉ 執行結果

執行本程式之後，透過網路瀏覽器輸入以下的網路位置，就可以看到資料。

```
http://127.0.0.1:8888/?gpio=4&onoff=1
```

透過瀏覽器輸入 *http://你的 IP:8888? gpio=4&onoff=1*，可以控制 Raspberry Pi 的 GPIO。

可以有四種變化：

- *http://127.0.0.1:8888/?gpio=4&onoff=1*

- *http://127.0.0.1:8888/?gpio=4&onoff=0*

- *http://127.0.0.1:8888/?gpio=17&onoff=1*

- *http://127.0.0.1:8888/?gpio=17&onoff=0*

網頁呼叫資料是透過 GET 的方法來傳遞資料，並把它送給 GPIO 去完成。

很神奇吧，只要連接您的 IP，就可以透過手機遠端遙控和設定。

圖 10-8 執行結果

教學影片

請見 *10-6-http-gpio.mp4* 影片檔。

補充資料

這裡雖然是控制 2 個 LED 燈泡，但是只要修改一下，就可以用繼電器來控制 110 AV 的電氣用品，如電風扇和檯燈。甚至接上溫度計，就可以遠端知道家中的室溫並顯示在網頁上等應用，潛力無窮。

Raspberry Pi 實戰應用 — 使用 Arduino 讀取類比資料

本章重點

11.1 什麼是 Arduino？

11.2 Arduino 讀取光敏電阻

11.3 Raspberry Pi 透過 USB 讀取周邊設備資料——以 Arduino 為例

一般如果提到 Raspberry Pi 的實驗，通常都會跟 Arduino 一起討論，很多人會問為何要將 Raspberry Pi 和 Arduino 二者作結合？因為 Raspberry Pi 擅長的是電腦方面——網路和資料處理的作業，而 Arduino 是處理周邊感應器的專家，如果能夠將二者結合為一，就可以善用二者的優點。

這個章節會實際做範例和實驗，讓大家了解一加一大於二的驚人威力。

11.1　什麼是 Arduino？

◉ 什麼是 Arduino？

Arduino 是源自義大利的一個開放原始程式的硬體專案平台，該平台包括一塊具備 I/O 功能的電路板與一套程式開發環境軟體，開發者可以用來開發互動產品，例如它可以讀取大量的訊號，用來控制電源開關和感測器設備的訊號，並且可以控制電燈、電機和其他各式各樣的周邊設備。Arduino 也可以開發出與 PC 相連的周邊裝置，能與在 PC 上執行的軟體進行通信和溝通。

Arduino 的硬體電路板可以自行焊接組裝，或是購買已經組裝好的硬體商品，程式開發軟體則可以從網站免費下載與使用。Arduino 可以與其他的電子元件做互動，例如可變電阻、各式各樣的感應器、遙控器、LED、步進馬達等其他輸出裝置來作為互動的動作，本書的重點也會放在如何與其他電子元件做結合，產生新的應用。

因為 Arduino 是一塊開放原始程式的輸入輸出的介面板，並且具有使用類似 Java 或 C 語言的開發環境。而 Arduino 語言可以與 Flash 或 Processing 等軟體，做出互動和資料傳遞，讓您的作品可以擁有更多的有趣應用。

◉ Arduino 特色

Arduino 的特色如下列所示：

- Open Source + 公布電路圖設計 + 程式開發介面。
- 免費下載，也可依需求自行修改。

- 可以自行購買 MCU ATMega328，透過 Arduino 板子的燒錄 Bootloader（系統啟動程式），能夠讓該 MCU 擁有可以執行 Arduino 程式的功能。以後只要透過 MCU 和震盪器就可以單獨執行，不需要再用 Arduino 電路板，這樣可以降低成本並讓硬體最小化。

- 可依據官方電路圖，簡化 Arduino 模組，完成獨立運作的微處理控制。

- 可簡單地與感測器、各式各樣的電子元件連接（例如：紅外線、超音波、熱敏電阻、光敏電阻、伺服馬達等）。

- 支援多樣的互動程式，例如：Flash、Max/Msp、VVVV、PD、C、Processing 等。

- Arduino 也可以獨立運作，成為一個可以跟軟體溝通的介面，例如：Flash、Processing、Max/MSP、VVVV 或者 Android、iPhon 與 PC 等其他互動的裝置。

- 使用低價格的微處理控制器（ATMEGA8/168/328），價格約 120~150 元。

- USB 介面，不需外接電源，可以透過 USB 上的電源就可以供電，另外提供 5V 直流電輸入。

- 應用方面，利用 Arduino，突破以往只能使用滑鼠、鍵盤、CCD 等輸入裝置的互動內容，可以更簡單地達成單人或多人遊戲互動。

Arduino 是一個開放的硬體平台，包括一個簡單易用的 IO 電路板，可以用它和開發軟體來進行開發，或者用 Eclipse 軟體發展應用。Arduino 既可以用來開發能夠獨立執行並具備一定互動性的電子作品，也可以被用來開發與 PC 相連接的周邊裝置，這些裝置甚至還能夠與執行在 PC 上的軟體（如 Flash、Max/Msp、Director、Processing 等）進行溝通。

◎ Arduino 硬體介紹

圖 11-1 是 Arduino Uno 硬體圖，介紹一般 Arduino 硬體上的功能。

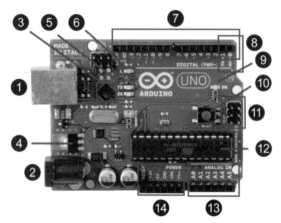

圖 11-1　Arduino Uno 硬體

❶ USB 接頭：以傳輸資料及供電（不需額外電源）。

❷ 輸入電壓 Power Jack：可以單獨使用，直接接上 5V 變壓器，或是電池直接供電（所以 1 和 2 只要選擇一個即可）。

❸ FTDI USB 晶片：這是 USB 的 Client 端的晶片，透過這個晶片就可以跟電腦溝通連結傳遞資料。

❹ Voltage Regulator：穩壓器，保持電壓的穩定。

❺ LED 燈：用來顯示接收的資料 RX 和傳遞出去的資料 TX，資料進出時 LED 燈都會閃爍一下，且這兩個 LED 燈和區域 7 的接腳 0、1 是相連的。

❻ LED 燈：用來顯示區域 7 的接腳 13，是高電壓還是低電壓。

❼ 數位接腳：由右到左分別是數位接腳 0 到數位接腳 13。請注意看一下有些字前面有符號「～」（例如 ~10），代表當成數位接腳 10，表示在這個板子上面，只有特別的接腳可以做 PWM 的資料輸出。

　• GND：接地接腳。

　• AREF：AREF（Analogue REFerence）是指模擬參考，可以知道 Arduino 的參考電壓。例如：要測量的最大電壓範圍是 3.3V，就可以從 AREF 接腳取得。

❽ RX←0 和 TX→1：如果要把 UART 資料傳遞至 Arduino 的話，可以透過 TX →1（接腳 1）；如果要把 UART 資料傳遞出去的話，就可以把接腳 RX←0（接腳 0）接到另外一個硬體上面。提醒一下這兩個接腳，平常會跟 USB 連接線連結在一起，所以如果要透過 USB 把程式燒錄到這個板子上時，請確定接腳 0 和接腳 1 是沒有任何接線的，不然程式燒錄的動作就會失敗喔！

❾ LED 燈：電源顯示燈。

❿ 重新執行程式按鈕。

⓫ ICSP Header：序列燒錄方式（In-Circuit Serial Programming），PIC 燒錄器燒錄程式的方法，程式記憶體為 Flash 的版本，使用方便的 ICSP 序列燒錄方式。

⓬ Microcontroller：控制晶片。

⓭ 類比訊號接腳：A0、A1、A2、A3、A4、A5。

⓮ 電源控制的接腳：

- Vin（電源輸入）
- Gnd（接地）
- Gnd（接地）

- 5V（5V 電源輸出）
- 3V（3V 電源輸出）
- RESET（重新執行程式）

所以板子上共有：

- 1 Digital I/O 數位式輸入/輸出端 1~13。

- 1 Analog I/O 類比式輸入/輸出端 0~5。

- 1 支援 USB 接頭傳輸資料及供電（不需額外電源）。

- 1 支援 ICSP 線上燒錄功能。

- 1 支援 TX/RX 端子。

- 1 支援 AREF 端子。

- 支援 3~6 組 PWM 端子。

- 1 輸入電壓：接上 USB 時無須供電，為 5V~12V DC 輸入。

- 1 輸出電壓：5V DC 輸出。

- l 採用 Atmel ATmega8/168/328 單晶片。

- l Arduino，大小尺寸為寬 70mm ×高 54mm。

 提醒　讀者如果想進一步了解 Arduino，可以拜訪筆者的網站 *http://arduino.powenko.com*，有更多、更詳細的 Arduino 相關資料。

11.2 Arduino 讀取光敏電阻

實際拿一個 Arduino 硬體，看它是如何與 Raspberry Pi 板子溝通。接下來做一個簡單的實驗，透過 Arduino 讀取光敏電阻，並且把讀進來的資料傳遞到 Raspberry Pi 板子上，並顯示在螢幕上給使用者看。為方便讀者理解，筆者刻意分成幾個段落，一步一步完成。

光敏電阻是一種特殊的電阻，只要接觸到光，就會改變電阻，簡稱光電阻，又名光導管。它的電阻和光線的強弱有直接關係。光強度增加，則電阻減小；光強度減小，則電阻增大。

這個實驗需要用到太陽光或是電燈，當有光線照射時，電阻內原本處於穩定狀態的電子受到激發，成為自由電子。所以光線越強，產生的自由電子也就越多，電阻就會越小。

- 暗電阻：當電阻在完全沒有光線照射的狀態下（室溫），稱這時的電阻值為暗電阻（當電阻值穩定不變時，例如 1kM 歐姆），與暗電阻相對應的電流為「暗電流」。

- 亮電阻：當電阻在充足光線照射的狀態下（室溫），稱這時的電阻值為亮電阻（當電阻值穩定不變時，例如 1 歐姆），與亮電阻相對應的電流為「亮電流」。

光電流 = 亮電流－暗電流電極的條件，外型會有很多變化，運用在不同的使用情況，來做到打開電路和閉合電路。圖 11-2 為光敏電阻的外型。

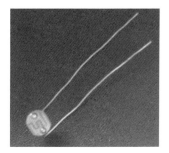

圖 11-2 光敏電阻的外型

◉ 實驗介紹

這個實驗可以成為商品販賣，相信讀者都有買過晚上會自動亮起來的小夜燈，那是如何設計的？可以透過用光敏電阻來查看是否天暗了或者是晚上，如果是晚上，LED 燈就變亮，如果還是白天的話，LED 就閃爍，當然也可以修改為全暗，以節省電源。

◉ 硬體準備

- 　Arduino 板子

- 　一個 LED

- 　一個光敏電阻

  （如果沒有的話，可用可變電阻代替，電子材料店都有賣）

- 　一個 10K ohm 電阻

- 　一個 220 ohm 電阻

- 　麵包板

- 　接線

◉ 硬體接線

Arduino 接腳	元件接腳
Pin 13	Led 長腳
GND	Led 短腳，透過 10K ohm 電阻
Analog Pin A0	光敏電阻接腳 1
GND	光敏電阻接腳 2，透過 220 ohm 電阻

📦 硬體接線圖：sample\ch11\01-arduino.fzz

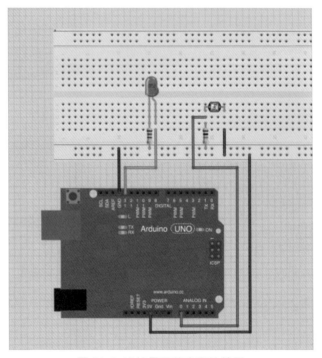

圖 11-3　光敏電阻的實際接線圖

◉ 範例程式：sample\ch11\photocell\phowcell.ino

```
1.   //筆者 www.powenko.com
2.   int ledPin = 13;
3.   int analogPin = 0;
4.   int val = 0;
5.   void setup(){
6.       Serial.begin(115200);            // 設定傳輸速度 115200 bps
```

```
 7.          pinMode(ledPin, OUTPUT);
 8.    }
 9.    void loop(){
10.          val = analogRead(analogPin);
11.          Serial.println(val);
12.           if (val <= 100) {
13.                 digitalWrite(ledPin, HIGH);    //當太暗時，led 持續發亮
14.           } else {
15.                 digitalWrite(ledPin, HIGH);    //當有光時，led 閃爍
16.                 delay(300);
17.                 digitalWrite(ledPin, LOW);
18.                 delay(300);
19.            }
20.          delay(300);
21.    }
```

◉ 程式解說

- 第 5 行：程式一啟動時，第一個會呼叫的函數。

- 第 6 行：設定 Serial 傳輸的速度是 115200 bps。

- 第 9 行：程式啟動，呼叫 setup() 函數後，緊接著會呼叫 loop() 函數，並且該函數執行完畢時，又會再呼叫自己一次，一直到電源關閉為止。

- 第 10 行：讀取光敏電阻的數值。

- 第 11 行：把讀到的數值透過 Serial 傳輸到外面。

- 第 12 行：判斷讀進來的數字是否大過 100，這個數字的範圍會在 0 到 255 之間。

- 第 13 行：設定接腳 13 亮。

- 第 20 行：延遲 0.3 秒。

可以想像 setup() 是一開始就被呼叫，並且做設定的初始化函數。因此，如果想要哪些動作在一開始被呼叫，就可以把相關的初始化設定的程式寫在 setup() 之內，之後 Arduino 系統就會直接執行 loop() 函數，並且一遍一遍不停地執行。當 loop() 函數執行完畢之後，會再次呼叫 loop() 函數，直到使用者關掉電源才會結束。

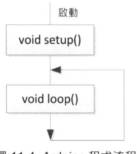

圖 11-4　Arduino 程式流程

宣告一個 ledPin 的變數 = 13 是如何運作的？會發現 int 設定變數是寫在整個程式的外面，意思就是成為全域變數。

```
1.   int ledPin = 13;
2.   void setup(){
3.       pinMode(ledPin, OUTPUT);
4.   }
```

然後看一下初始化 setup() 裡面的函數，pinMode(ledPin, OUTPUT); 設定某 Pin 腳為 OUTPUT 模式（輸出模式），即表示會指定硬體的接腳 13，做資料輸出的動作。所以一旦設定此為輸出的接腳，就不能再修改成輸入讀取的動作。

如何執行？

◉ 第一次設定 Arduino 板子型號

接下來請把 Arduino 的硬體連接上 USB 線，並接上電腦，接下來要在 Arduino 開發軟體上設定硬體，在 Arduino 的下拉式選單 Tools\Board\ 選取板子。如果不清楚的話，可以閱讀 Arduino 板子的說明書或者包裝盒上的產品說明，大多數的 Arduino 板子都會印有英文的硬體型號，可挑選合適的機型。

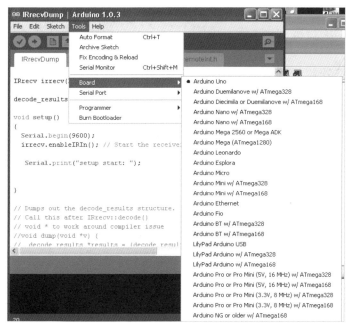

圖 11-5　透過下拉式選單 Tools\Board\來設定板子型號

設定 Arduino 板子連接 com

接下來設定機器型號與 MCU & Serial Port，但問題是，要如何知道 Serial com port 是接到哪裡？先介紹 Windows 的方法，請打開 Windows Device Manager 裝置管理員。

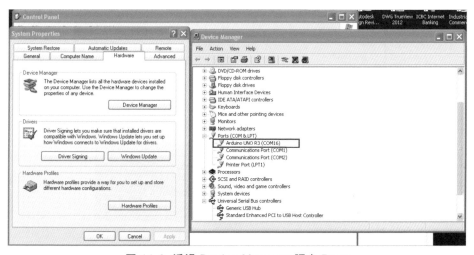

圖 11-6　透過 Device Manager 調查 Ports

然後打開 Ports（COM & LPT），如果硬體已經接上、並且已經安裝好驅動程式，
就可以看到。

圖 11-7　com port 的號碼

以筆者的機器為例，Arduino 是用 COM16 並且用 Arduino UNO R3 這個板子。

再來做 com 設定，如果這一步沒有設定好的話，就會出現錯誤訊息！在軟體工具上
面找到 Tools → Serial Port → COM16（這裡的 com port 依照所安裝的 USB Serial
Port），確認之後打勾就可以。因為每個人的電腦多少都有些不同，請選取 com port，
一般作業系統都會記住 com port 的號碼，所以第一次設定後就不用再修改，除非有
例外狀況。

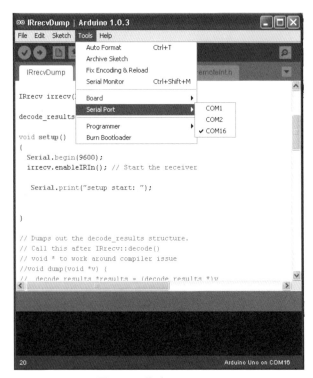

圖 11-8　指定 com port

提醒　Arduino 下載的軟體中就有 Windows 驅動程式，如果 Windows 系統要驅動程式時，可以指定到下載的 Arduino 軟體中的「arduino-1.0\drivers」。

◉ 編譯和燒錄 Upload to I/O Board

接下來要編譯並燒錄程式到 Arduino 的硬體板子上，在這個開發環境中，只需按下燒錄按鈕，工具便會自動的編輯程式，如果程式順利編輯成功，便會自動把程式燒錄到 Arduino 的硬體板子上。

圖 11-9　編譯並燒錄程式到 Arduino 的硬體板子上

等待幾秒鐘，板子上面的 RX/TX 燈號會連續閃爍，閃爍之後，Arduino 軟體工具會出現類似以下的訊息：

```
Atmel AVR ATmega168 is found.
Uploading: flash
Firmware Version: 1.18
Firmware Version: 1.18check
```

這些訊息表示有找到晶片並已上傳至 Arduino，可以查看 LED 13 燈號是否會每隔一秒閃滅閃滅（硬體板子上有內建 LED 13 的燈），不用做任何硬體的線路處理就可以直接看到 LED，如果有看到的話，就完成第一次使用 Arduino 了。

如果 Arduino 板子是 2012 年之前的舊版本，則需要按下 Reset 按鍵才能做 Upload，目前新版可以不用特別做這一件事情，有些硬體生產的工廠甚至連此按鈕都直接省略，沒有這個硬體按鍵。

圖 11-10 舊版本的 Arduino 燒錄要按下 Reset 重置按鈕

◉ 執行結果

圖 11-11 執行結果

因為本程式每 0.3 秒會讀取光敏電阻的電
阻值一次，並且透過 Arduino 軟體右上角
的 serial.print 把電阻數據顯示出來，所以
打開 Serial Monitor 可以看到光敏電阻的
電阻值。

```
2293
292
145
52
62
297
291
293
294
292
294
```

圖 11-12 光敏電阻所讀取的執行結果

📽 **教學影片**

請見 *11-1-Arduino-photocell.mp4* 影片檔觀看執行結果，完整的教學影片請見
11-2-arduino-photocell-teaching.mp4 影片檔。

11.3 Raspberry Pi 透過 USB 讀取周邊設備資料 —以 Arduino 為例

此專案可以在所有的樹莓機器使用！

Raspberry Pi 也是個 Linux 的電腦，當然可以與 USB 周邊設備連接 Arduino。

◉ **硬體準備**

- 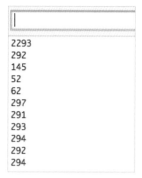 1 個 Arduino 板子

- 1 個 Raspberry Pi 或 Raspberry Pi 2 板子

- 電線數條

◉ **硬體接線**

先把上一節的 Arduino4 實驗接好，關機後拔除電源，並依照圖 11-13 的硬體接線
圖，透過 USB 連接 Raspberry Pi 的硬體線路。

硬體接線圖：sample\ch10\03-raspberry_arduino_usb.fzz

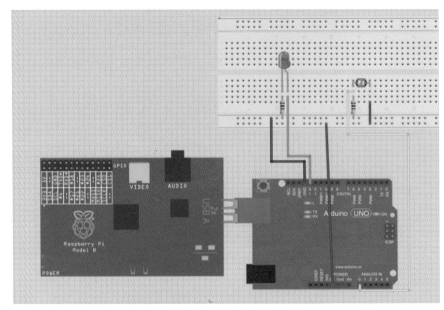

圖 11-13　透過 USB 線，連接 Arduino 和 Raspberry Pi

圖 11-14　實際硬體接線

透過文字編輯器輸入以下的程式並存成 edge.py，此處筆者是用 nano 文字編輯器。

```
$nano edge.py
```

並把程式複製上去。

◉ 範例程式：sample\ch11\03-ser3.py

```
 1. #!/usr/bin/env python
 2. # author: Powen Ko
 3. import serial
 4.  import time
 5.
 6. port = serial.Serial("/dev/ttyUSB0", baudrate=115200, timeout=3.0)
 7. port.write("\r\nHi! I am Raspberry")
 8. while True:
 9.     ch = port.read()
10.     print(ch)
11.     time.sleep(0.1)
```

把程式複製和貼上，並透過「Ctrl + O」鍵儲存程式，最後透過「Ctrl + X」鍵離開程式。

◉ 程式解說

- 第 1 行：這是執行環境的定義檔，定義 Python 程式放在哪個路徑。

- 第 2 行：註解的寫法，前面加個 # 就可以成為註解。

- 第 6 行：請注意，這裡定義傳輸速度是 115200，並透過 GPIO 上面的 Pin，也就是/dev/ttyUSB0。

- 第 9 行：讀取 RX 字元。

- 第 8 行：無盡迴圈。

確認 USB 設備的位置

請在樹莓派接上 USB 轉 serial 硬體之前和之後各執行一次：

```
$ ls /dev/tty*
```

請依照實際的情況調整第 6 行的/dev/ttyUSB0。

一開始執行時，可以透過 port.write("\r\nHi! I am Raspberry") 送出資料。

◉ 執行結果

透過以下的指令，就可以執行 Python 程式。要離開的時候，按下「Ctrl + Z」鍵即可，同樣會顯示由 Arduino 讀取光敏電阻的感應數值，並且透過 UART 資料的傳遞方法，經過 USB 線給 Raspberry Pi 的硬體，再經由 Python 程式讀取後，顯示在畫面上。

```
$ python303-ser3.py
```

圖 11-15 執行結果

📺 教學影片

請見 *11-3-raspberry-arduino_USB.mp4* 影片檔。

補充資料

透過 minicom

如果不想寫程式，可以透過 minicom 來測試。硬體線路接好後，在 Raspberry Pi 執行，就可以與 Arduino 溝通。

```
$ minicom -b 115200 -o -D /dev/ttyACM0
```

如果想收到資料後，集中一次顯示一筆資料，就可以透過以下的程式，檢測 Arduino 所傳過來的 \r \n 的跳行字元，再一口氣顯示。

⊙ **範例程式**：sample\ch11\04-ser-line.py

```
1.  #!/usr/bin/env python
2.  # author: Powen Ko
3.  import serial
4.  import time
5.
6.  def readlineCR(port):
7.      ch = port.read()
```

```
 8.        return ch
 9.
10.
11.
12.
13.
14. port = serial.Serial("/dev/ttyUSB0", baudrate=115200, timeout=3.0)
15.
16. while True:
17.   rcv = readlineCR(port)
18.   print(rcv)
```

提醒　還有其他的辦法可以讓 Raspberry 與 Arduino 溝通嗎？

當然有，方法很多，只是要看實際的需求。筆者列出所有可行的方法，讀者再依照實際情況挑選合適的來運用，而 Embedded Pi 和 Alamode，都是為了 Raspberry Pi 或 Raspberry Pi 2 的接頭和外觀所設計的 Arduino 板子。

* 網路。

* GPIO。

* USB 線。

* Raspberry Pi to Arduino Shield Connection Bridge, w/ XBee Socket。

* Alamode - Arduino Compatible Raspberry Pi Plate。

* Embedded Pi - Use Arduino Shields with the Raspberry Pi。

圖 11-16　Raspberry Pi 接到 Arduino Shield Connection Bridge 的轉接板子，上面包含 XBee 的接線

圖 11-17　Alamode - Arduino Compatible Raspberry Pi Plate，設計接到 Raspberry Pi 的 Arduino 板子

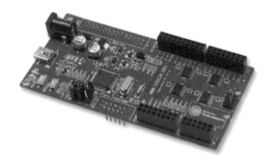

圖 11-18　Embedded Pi - Use Arduino Shields with the Raspberry Pi，設計接到 Raspberry Pi 的 Arduino 板子

圖 11-19　iFrogLab.com 公司的 Arduino ARBle Shiled 設計可以接上 Raspberry Pi 的 Ardruino 板子，並且有藍牙 4.0 BLE 的功能

12

Raspberry Pi 實戰應用—多媒體篇

12.1　mp3 播放器

此專案適用於所有的樹莓派機器。

想來點音樂嗎？本節說明如何透過 Raspberry Pi 架設一台 mp3 播放器，只要把音樂放在 SD 中，軟體便會自行搜尋裡面的音樂檔案，只要打開機器便隨時可以聽歌。請依照下面的步驟逐步設定。

◉ 硬體準備

- Raspberry Pi 板子

- 一個喇叭

- 放了很多 mp3 音樂的 SD 卡

◉ 硬體接線

只要把音樂 mp3 放在 SD 卡片中，接上喇叭就可以享受音樂。

圖 12-1　自製 Raspberry Pi MP3 播放器

◉ **步驟**

STEP 1 更新 apt-get。

因為需要從網路下載最新版本的軟體，所以請先更新 apt-get。

```
$sudo apt-get update
```

STEP 2 安裝 Python 軟體。

透過 apt-get 安裝 Python 程式語言。

```
$sudo apt-get install python-dev
$sudo apt-get install python-rpi.gpio
```

STEP 3 安裝音效卡工具 alsa-utils。

透過 apt-get 安裝 Raspberry Pi 的音效卡工具 alsa-utils。

```
$ sudo apt-get install alsa-utils
```

```
pi@raspberrypi ~ $ sudo apt-get install alsa-utils
Reading package lists... Done
Building dependency tree
Reading state information... Done
```

圖 12-2 安裝音效卡工具 alsa-utils

STEP 4 安裝 mpg321 軟體。

透過 apt-get 安裝 mpg321 軟體。

```
$ sudo apt-get install mpg321
```

```
pi@raspberrypi ~ $  sudo apt-get install mpg321
Reading package lists... Done
Building dependency tree
Reading state information... Done
The following extra packages will be installed:
  libao-common libao4 libaudio-scrobbler-perl libconfig-inifiles-perl
```

圖 12-3 安裝 mpg321 軟體

STEP 5 打開音效卡調整音量。

執行以下的動作來打開音效卡，並調整聲音的大小。

```
$modprobe snd_bcm2835
$amixer cset numid=3 1
```

```
pi@raspberrypi ~ $ amixer cset numid=3 1
numid=3,iface=MIXER,name='PCM Playback Route'
  ; type=INTEGER,access=rw------,values=1,min=0,max=2,step=0
  : values=1
```

圖 12-4　打開音效卡和調整聲音

STEP 6 存放音樂檔案。

可以使用 Windows 軟體 WinSCP 來做檔案管理上傳和下載，本書〈3.21 Windows 軟體 WinSCP 檔案管理上傳和下載〉有詳細的介紹。

請在/home/pi/music/的路徑底下放上 mp3 歌曲，也可以建立子路徑。重點是稍後程式會搜尋/home/pi/music/底下所有的 mp3 歌曲，務必確認此路徑底下有 mp3 的檔案，如圖 12-5 所示。

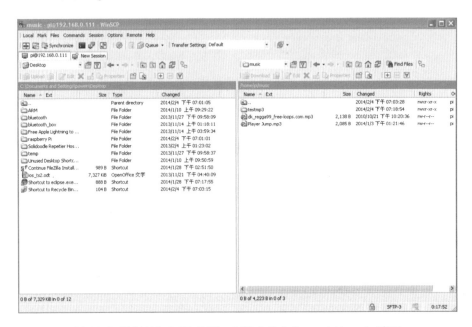

圖 12-5　透過 WinSCP 軟體，把歌曲放在/home/pi/music/底下

STEP 7 寫程式。

這裡需要寫程式，找尋 mp3 的歌曲及播放。

請打開/home/pi/mp3player.py 檔案，

```
$sudo nano   /home/pi/mp3player.py
```

並輸入下面的 Python 程式。

◉ **範例程式：sample\ch12\mp3player.py**

```
1.  #!/usr/bin/python
2.  import random
3.  import os
4.  import subprocess
5.
6.
7.  def absoluteFilePaths(directory):
8.      return_list = []
9.
10.     for dirpath,_,filenames in os.walk(directory):
11.         for f in filenames:
12.             if f.endswith((".mp3")):
13.                 FullFileName=os.path.abspath(os.path.join(dirpath, f))
14.                 print FullFileName
15.                 return_list.append(FullFileName)
16.
17.     return return_list
18.
19.
20.
21.  folder_location = '/home/pi/music'
22.  file_list = absoluteFilePaths(folder_location)
23.  wordlen=len(file_list)
24.  os.system('modprobe snd_bcm2835')
25.  os.system('amixer cset numid=3 1')
26.  while True:
27.      print "--------------------------------"
28.      i=random.randint(0, wordlen)
29.      subprocess.call('mpg321  '+file_list[i], shell=True)
30.
```

◉ 程式解說

- 第 7-17 行：自動搜尋檔案的功能，並將資料傳回到 Array 中。

- 第 21 行：指定 mp3 的歌曲路徑在/home/pi/music。

- 第 28 行：亂數播放找到的 mp3 歌曲。

- 第 29 行：subprocess.call 和 os.syste 很像，不一樣的地方在於 Python 使用 subprocess.call 時，程式會停在此，等程式結束後再往下執行。透過 mpg321 xxxx.mp3 就可以播出此檔案的歌曲。

  編輯結束之後，透過「Ctrl + O」鍵儲存或「Ctrl + X」鍵可離開文字編輯模式。

STEP 8 執行程式。

  執行上面的指令，驗收前面所寫的程式是否正確，如果執行失敗，Python 的編輯器會具體指出哪一行寫錯，請回頭確認那一行的程式，再重複執行一次。本書也提供原始程式可以直接複製貼上使用。

```
$ python3  /home/pi/mp3player.py
```

🎬 教學影片

請見 *12-1-Raspberry_pi_MP3_player.mp4* 影片檔觀看結果。

提醒　使用$sudo update-rc.d mp3player defaults 添加自動開機啟動的機制後，如果想要移除自動開機啟動的機制，可以使用$sudo update-rc.d -f mp3player remove 移除。

12.2 開機時啟動指定程式

◉ 增加自動啟動的機制

很多時候會需要開機時，自動執行特定程式，再此透過上一節的 mp3 程式，展示如何設定自動開機啟動的機制，讓 mp3 播放器在每次開機時都可以自動執行，這樣可以節省不少時間。

⊚ 方法一：複製到/etc/init.d

首先把程式複製到/etc/init.d 路徑底下，並透過 update-rc.d 添加自動啟動的動作。

```
$ sudo cp mp3player.py /etc/init.d/mp3player
```

調整「檔案權限」為可以執行。

```
$ sudo chmod 755 /etc/init.d/mp3player
```

並透過 update-rc.d 添加開機後，自動啟動此程式。

```
$ sudo update-rc.d mp3player defaults
```

⊚ 方法二：修改/etc/rc.local 程式

編輯/etc/rc.local 檔案，讓 Python 程式在每次開機時都可以自動執行。

透過

```
$ sudo nano /etc/rc.local
```

在「exit 0」之前加上這一段程式，請確定 Python 程式的路徑是否放在

```
sudo -u pi python3  /home/pi/mp3player.py  &
```

最後按「Ctrl + O」鍵儲存和「Ctrl + X」鍵離開。

12.3 架設網路收音機

此專案適用於所有的樹莓派機器。

本節說明如何透過 Raspberry Pi 架設一台網路收音機，讓您可以隨時隨地聽網路音樂。請依照下面的步驟逐步設定。

◉ **硬體準備**

-  Raspberry Pi 板子
- 一般的喇叭或耳機

- 網路環境

◉ **硬體接線**

圖 12-6　把 Raspberry Pi 改造成網路收音機

◉ **步驟**

STEP 1 更新 apt-get。

因為需要從網路下載最新版本的軟體,所以請先更新 apt-get。

```
$sudo apt-get update
```

STEP 2 找網路電台。

讀者可在網路上搜尋自己喜歡的網路電台,如下:

- 英國 BBC 電台第一台:*http://bbc.co.uk/radio/listen/live/r1.asx*
- 英國 BBC 電台第二台:*http://bbc.co.uk/radio/listen/live/r2.asx*
- 英國 BBC 電台第三台:*http://bbc.co.uk/radio/listen/live/r3.asx*

如果在網路上找到其他不錯的音樂網站連結,也可以加入或替換。

STEP 3　安裝播放軟體。

透過 apt-get 安裝 mplayer 軟體。

```
pi@raspberrypi ~ $ sudo apt-get install mplayer
Reading package lists... Done
Building dependency tree
Reading state information... Done
The following extra packages will be installed:
  libaa1 libavcodec53 libavformat53 libavutil51 l
  libenca0 libfaad2 libfribidi0 libgpm2 libgsm1 l
  libopenal1 libpostproc52 libschroedinger-1.0-0
```

圖 12-7　安裝 mplayer 軟體

STEP 4　安裝 Python 的 GPIO 模組。

這裡要寫一個 Python 的應用程式來控制要播放哪些網路電台，因此，需要先安裝相關的模組。

```
$ sudo apt-get install python-rpi.gpio
```

```
pi@raspberrypi ~ $ sudo apt-get install python-rpi.gpio
Reading package lists... Done
Building dependency tree
Reading state information... Done
python-rpi.gpio is already the newest version.
0 upgraded, 0 newly installed, 0 to remove and 0 not upgraded.
```

圖 12-8　安裝 Python GPIO 模組

STEP 5　安裝 PiAUISuite 的聲音播放工具軟體。

PiAUISuite 是個開放原始程式碼專案，主要是提供 Raspberry Pi 聲音的功能，可用來控制聲音的大小。如果 git 的路徑被修改，請至官方網站 *https://github.com/StevenHickson/PiAUISuite* 上搜尋新版。

```
$ sudo apt-get install git-core
$ git clone git://github.com/StevenHickson/PiAUISuite.git
$ cd PiAUISuite/Install/
$ ./InstallAUISuite.sh
```

```
pi@raspberrypi ~ $ git clone git://github.com/StevenHickson/PiAUISuite.git
Cloning into 'PiAUISuite'...
remote: Reusing existing pack: 657, done.
remote: Total 657 (delta 0), reused 0 (delta 0)
Receiving objects: 100% (657/657), 3.51 MiB | 753 KiB/s, done.
Resolving deltas: 100% (359/359), done.
pi@raspberrypi ~ $ sudo git clone git://github.com/StevenHickson/PiAUISuite.git
fatal: destination path 'PiAUISuite' already exists and is not an empty directory.
pi@raspberrypi ~ $ ls
code  Desktop  indiecity  ocr_pi.png  PiAUISuite  python_games
pi@raspberrypi ~ $ cd PiAUISuite/
pi@raspberrypi ~/PiAUISuite $ ls
DownloadController  Install  Makefile  PlayVideoScripts  TextCommand   Youtube
Imaging             LICENSE  Misc      README            VoiceCommand
pi@raspberrypi ~/PiAUISuite $ cd Install/
pi@raspberrypi ~/PiAUISuite/Install $ ls
InstallAUISuite.sh  UninstallAUISuite.sh  UpdateAUISuite.sh
pi@raspberrypi ~/PiAUISuite/Install $ ./InstallAUISuite.sh
Installing AUI Suite by Steven Hickson
If you have issues, visit stevenhickson.blogspot.com or email help@stevenhickson.com
Install dependencies? y/n
These are necessary for any of the options, so you should probably press y unless you absolutely know you have them already
y
Reading package lists... Done
```

圖 12-9 下載和安裝 PiAUISuite 軟體和程式碼

在安裝的過程中，InstallAUISuite 會提出問題，只要小心回答即可。

STEP 6 打開音效卡調整音量。

執行以下的指令來打開音效卡，並調整聲音的大小。

```
$modprobe snd_bcm2835
$amixer cset numid=3 1
```

STEP 7 網路電台播放。

透過以下簡單的動作，應該就可以聽到 BBC 的音樂。

```
$mplayer -playlist http://bbc.co.uk/radio/listen/live/r1.asx
```

這裡特別說明，剛剛的指令 $amixer cset numid=3 1 中是特定處理 Raspberry Pi 的聲音。如果不執行，則不會有聲音輸出。至於網路電台的部分，可以測試檢查網路位置是否有問題。

📽 教學影片

請見 12-3-AP_OnlineRadio.mov 影片檔觀看結果。

12.4 可選台的網路收音機

此專案適用於所有的樹莓派機器。

前一小節說明播放音樂，這裡做進階的修改，增加兩顆可以用來選台的實體按鈕，多了選台功能，收音機看起來就更專業。

◉ 硬體準備

- Raspberry Pi 板子
- 喇叭或者是耳機
- 網路環境

- 2 個按鈕
- 2 個 1K 電阻

◉ 硬體接線

圖 12-10　把 Raspberry Pi 改造成網路收音機，並加上可以選台的按鍵

Raspberry Pi 接腳	元件接腳
Pin 16，GPIO 23	按鍵 1 的接腳
Pin 18，GPIO 24	按鍵 1 的接腳
Pin 6，GND	電阻 1 和 2 的接腳
Pin 2，5V	按鍵 1 和 2 的接腳

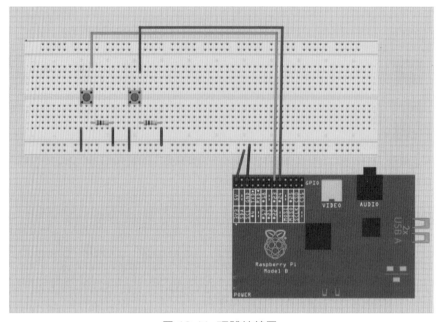

圖 12-11 硬體接線圖

◎ 步驟

STEP 1 本實驗延續上一節，所以先確認可以正常的執行和播放網路音樂之後，再繼續往下延伸。

STEP 2 寫程式。在這裡需要寫程式，來控制按下按鈕之後所做的選台動作。

請打開 /home/pi/radio.py 檔案。

```
$sudo nano  /home/pi/radio.py
```

輸入下面的 Python 程式，這裡有兩個版本，功能也不太一樣。

版本一

只有兩個網路電台，按下按鈕 23 時，會播放第一個網路電台；按下按鈕 24 時，
會播放第二個網路電台。

◉ 範例程式：sample\ch9\radio1.py

```
 1. #!/usr/bin/python
 2. import time
 3. import os
 4. import RPi.GPIO as GPIO
 5. GPIO.setmode(GPIO.BCM)
 6. GPIO.setup(23, GPIO.IN)
 7. GPIO.setup(24, GPIO.IN)
 8. os.system('modprobe snd_bcm2835')
 9. os.system('amixer cset numid=3 1')
10. #os.system('mplayer -playlist http://bbc.co.uk/radio/listen/live/r1.asx &')
11. while True:
12.     if GPIO.input(23)==1:
13.         os.system('sudo killall mplayer')
14.         os.system('mplayer -playlist http://bbc.co.uk/radio/listen/
live/r2.asx   &')
15.     if GPIO.input(24)==1:
16.         os.system('sudo killall mplayer')
17.         os.system('mplayer -playlist http://bbc.co.uk/radio/listen/
live/r3.asx   &')
18.     time.sleep(0.1);
19. GPIO.cleanup()
```

◉ 程式解說

- 第 6-7 行：GPIO 接腳設定。

- 第 8-9 行：設定音效卡動作，這樣 audio jack 才會有聲音輸出。

- 第 13-14 行：透過 shell 指令執行播放電台的動作。

版本二

此版本的功能比較豐富。透過 Python 的陣列擺放所知道的網路電台，並透過按鈕
的選取做累加或遞減的動作，Rasspberry Pi 網路收音機就會選取和播放陣列中的
網路電台。

◉ 範例程式：sample\ch9\radio2.py

```
1.  #!/usr/bin/python
2.  import time
3.  import os
4.  import RPi.GPIO as GPIO
5.  words=[]
6.  words.append("http://bbc.co.uk/radio/listen/live/r1.asx")
7.  words.append("http://bbc.co.uk/radio/listen/live/r2.asx")
8.  words.append("http://bbc.co.uk/radio/listen/live/r3.asx")
9.  words.append("http://bbc.co.uk/radio/listen/live/r4.asx")
10. words.append("http://bbc.co.uk/radio/listen/live/r5.asx")
11. GPIO.setmode(GPIO.BCM)
12. GPIO.setup(23, GPIO.IN)
13. GPIO.setup(24, GPIO.IN)
14. os.system('modprobe snd_bcm2835')
15. os.system('amixer cset numid=3 1')
16. i=0
17. action=1
18. wordlen=len(words)
19. while True:
20.     if GPIO.input(23)==1:
21.         i=i+1
22.         action=1;
23.     if GPIO.input(24)==1:
24.         i=i-1
25.         action=1
26.
27.
28.     if action==1:
29.         if i<0:
30.             i=wordlen-1
31.         if i>=wordlen:
32.             i=0
33.         print "--------------------------------"
34.         print i
35.         print words[i]
36.         action=0
37.         os.system('sudo killall mplayer')
38.         os.system('mplayer -playlist '+words[i]+'   &')
39.     time.sleep(0.1);
40. GPIO.cleanup()
```

編輯結束之後，透過「Ctrl + O」鍵儲存和「Ctrl + X」鍵離開文字編輯模式。

◉ 程式解說

- 第 6-10 行：把電台位置加入陣列中。

- 第 14-15 行：設定音效卡動作，這樣 audio jack 才會有聲音輸出。

- 第 20 行：判斷是否按下按鈕。

- 第 37-38 行：透過 shell 指令執行播放電台的動作。

STEP 3 執行程式。

透過以下的指令可以執行網路收音機的程式。

```
$sudo python  /home/pi/radio.py
```

📽 教學影片

請見 *12-4-AP_OnlineRadiowWithButton.mp4* 影片檔觀看結果。

補充資料：增加自動啟動的機制

接著設定自動開機啟動的機制，讓每次開機時網路收音機都可以自動執行，省下不少時間。

方法一

把程式複製到 /etc/init.d 路徑底下，並透過 update-rc.d 添加自動啟動的動作。

```
$ sudo cp radio.py /etc/init.d/radio
$ sudo chmod 755 /etc/init.d/radio
$ sudo update-rc.d radio defaults
```

 提醒 使用 $ sudo update-rc.d radio defaults 添加自動開機啟動的機制後，如果想要移除自動開機啟動的機制，可以使用 $ sudo update-rc.d -f radio remove 移除。

方法二

編輯 /etc/rc.local 檔案，讓 Python 程式在每次開機時都可以自動執行。

透過

```
$ sudo nano /etc/rc.local
```

在 "exit 0" 之前加上這一段程式，請確定 Python 程式的路徑是否放在

```
/home/pi/radio.py
```

並透過「Ctrl + O」鍵儲存和「Ctrl + X」鍵離開。

```
#!/bin/sh -e
#
# rc.local
#
# This script is executed at the end of each multiuser runlevel.
# Make sure that the script will "exit 0" on success or any other
# value on error.
#
# In order to enable or disable this script just change the execution
# bits.
#
# By default this script does nothing.

# Print the IP address
_IP=$(hostname -I) || true
if [ "$_IP" ]; then
  printf "My IP address is %s\n" "$_IP"
fi

python /home/pi/radio.py

exit 0
```

圖 12-12 修改/etc/rc.local 增加自動啟動的機制

 提醒 /etc/rc.local 中的 exit 0 是離開的意思，所以記得把 exit 0 放在整個 rc.local 的最後面，然後把剛剛的那一段 code 寫在 exit 0 之前。

12.5 UPnP 和 DLNA

此專案適用於所有的樹莓派機器。

DLNA 成立於 2003 年 6 月 24 日，其前身是 DHWG(Digital Home Working Group，數字家庭工作組)，由 Sony、Intel、Microsoft 等公司發起成立，目的在解決個人 PC、消費電子、移動設備間的無線和有線網路間的影音、照片等的多媒體分享。DLNA 的口號是「Enjoy your music, photos and videos, anywhere anytime」（官方網站：*http://www.dlna.org* ）。

如果 Raspberry Pi 擁有此項功能，透過上面的喇叭就可以播放其他設備上的音樂和影片。本節會實際介紹如何將 Android 手機上的音樂，透過 Raspberry Pi 播放出來。

◉ 硬體準備

- Raspberry Pi 板子

- 一個喇叭

- 一個 Android 手機（已置入多首音樂）

◉ 硬體接線

把喇叭接到 Raspberry Pi 上，並且設定網路，設定後就可以擁有 UPnP 和 DLNA 播放設備。

圖 12-13　自製 Raspberry Pi UpnP / DLNA 播放器

步驟

STEP 1 安裝軟體 GmediaRenderer。

minidlna 軟體本身是開放原始程式碼，需要到網路下載和取得。

```
$ sudo apt install minidlna
```

```
pi@raspberrypi ~ $ sudo git clone https://github.com/hzeller/gmrender-resurrect.git
Cloning into 'gmrender-resurrect'...
remote: Reusing existing pack: 1321, done.
remote: Counting objects: 19, done.
remote: Compressing objects: 100% (15/15), done.
remote: Total 1340 (delta 0), reused 17 (delta 0)
Receiving objects: 100% (1340/1340), 428.85 KiB | 303 KiB/s, done.
Resolving deltas: 100% (907/907), done.
```

圖 12-14　安裝軟體 GMediaRenderer

STEP 2 建立對應的多媒體檔案。

到桌面上按滑鼠右鍵，選取「建立文件夾 New Folder」，並且確定和建立
以下的文件夾：

```
/home/pi/Desktop/audio
/home/pi/Desktop/picture
/home/pi/Desktop/video
```

注意

audio 只能讀取.mp3 檔案，

picture 只能讀取.jpeg 檔案，

video 只能讀取.mp4 檔案，

其他檔案該軟體目前暫不支援。

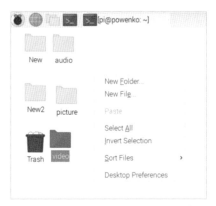

圖 12-15　建立對應的多媒體檔案

STEP 3 修改設定檔。

修改設定檔，請依照下面的動作流程，

```
$ sudo nano /etc/minidlna.conf
```

並增加以下的設定。

```
media_dir=/var/lib/minidlna
media_dir=A,/home/pi/Desktop/audio
media_dir=P,/home/pi/Desktop/picture
media_dir=V,/home/pi/Desktop/video
friendly_name=PiMyLifeUpMiniDLNA
```

圖 12-16 修改設定檔

透過「Ctrl + O」鍵儲存和「Ctrl + X」鍵離開。

STEP 4 重新啟動。

重新啟動 minidlna。

```
$ sudo systemctl restart minidlna
```

```
pi@powenko:~ $ sudo systemctl restart minidlna
pi@powenko:~ $
```

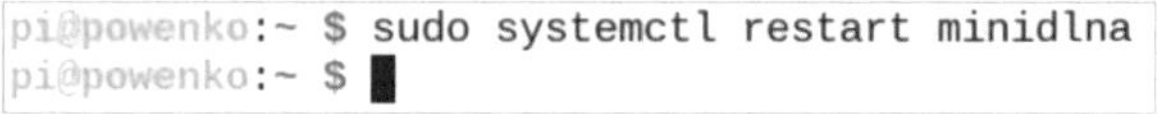

圖 12-17 修改設定檔

STEP 5 測試系統運作。

透過網頁測試看看系統是否可運作。

```
http://127.0.0.1:8200
```

圖 12-18　測試是否正常啓動

如果看到上圖畫面，恭喜您，minidlna 已經安裝成功。

12.5.1　連線 UPnP / DLNA

要如何測試呢？建議到 Google Play 下載 UPnP/DLNA control 軟體，名為「BubbleUPnP UpnP/DLNA」，免費版和付費版，可以先體驗免費版（兩者的差異是免費版只能在 playlist 播放 16 首歌）。

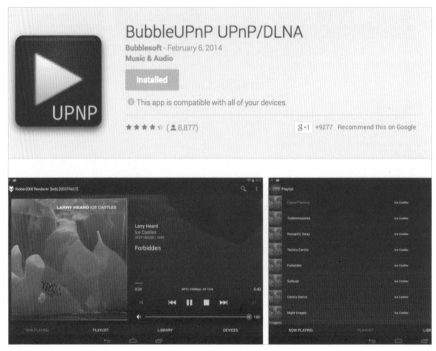

圖 12-19　安裝 Android 的 UPnP/DLNA 程式

安裝之後，請打開此 APP，點選 Devices 就會看到如圖 12-20 所示的設備「Powenko Renderer」。

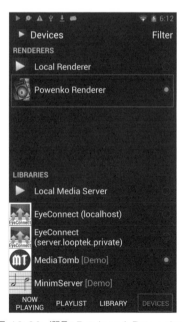

圖 12-20　選取 Devices \ Powenko Renderer

此時，在 BubbleUPnP UPnP / DLNA 軟體透過 Library 中的 Android 手機 SD 卡的歌曲來播放音樂，會發現實際聲音是由 Raspberry Pi 的喇叭傳出來的。

其他平台如 iOS、PC、Mac、Linux 都有 UPnP / DLNA 的軟體可以使用，甚至可以用 PSP 和 XBOX 來測試。

圖 12-21　在 BubbleUPnP UPnP / DLNA 播放音樂

📽 **教學影片**

請見 *12-5-minidlan-install.mp4* 影片檔觀看結果。

📣 **補充資料**

下面的軟體，都是 UPnP servers，

可以使用其中一個來做測試。

- Windows Media Player
- Twonky
- MediaMonkey
- XBMC
- foobar2000

12.6　iOS 專用的 Airplay 播放器

此專案適用於所有的樹莓派機器。

Airplay 可以讓 iOS 播放和投射影音，玩家可以把 iPhone / iPad 上的影片和音樂，透過網路投放到 Airplay 的設備上，而 Airplay 需要蘋果電腦公司的認同，才能擁有此項認證與技術。來試試把 Raspberry Pi 變成 Airplay 的設備。

◉ 硬體準備

- Raspberry Pi 板子

- 一個喇叭

- 一個 iOS 的設備 iPhone 或 iPad（已置入多首音樂）

◉ 硬體接線

把喇叭接到 Raspberry Pi 上，並且設定網路。

圖 12-22　自製 AirPlay 播放器

◉ 步驟

STEP 1 更新 apt-get。

因為需要從網路下載最新版本的軟體，所以請先更新 apt-get。

```
$sudo apt update
$ sudo apt-get update
$ sudo apt-get upgrade
```

STEP 2 安裝 shairport 軟體。

shairport 軟體是開放原始程式碼，透過 apt-get 安裝 shairport 軟體。

```
$ sudo apt-get insta-sync
```

```
pi@powenko:~ $ sudo apt-get install shairport-sync
Reading package lists... Done
Building dependency tree
Reading state information... Done
The following additional packages will be installed:
  avahi-daemon bind9-host geoip-database libavahi-core7 libbind9-161
  libdns1104 libfstrm0 libgeoip1 libisc1100 libisccc161 libisccfg163
  liblmdb0 liblwres161 libnss-mdns libprotobuf-c1
```

圖 12-23 安裝軟體 shairport 函式庫

STEP 3 執行程式 shairport。

shairport 編譯程式之後，需要執行程式，請依照下面步驟就可順利執行。

```
$   sudo systemctl enable shairport-sync
$   sudo service shairport-sync start
```

```
pi@powenko:~ $ sudo systemctl enable shairport-sync
Synchronizing state of shairport-sync.service with SysV service script
with /lib/systemd/systemd-sysv-install.
Executing: /lib/systemd/systemd-sysv-install enable shairport-sync
pi@powenko:~ $ sudo service shairport-sync start
pi@powenko:~ $ ▮
```

圖 12-24 執行 shairport

教學影片

請見 *12-6-shairport-install.mp4* 影片檔觀看結果。

◉ 使用 iPhone／iPad 來進行測試

可以打開 iPhone / iPad，在 iOS APP 有很多媒體播放器已經有支援 Airplay 的功能；或者打開 iTune 播放歌曲，設定輸出時，就會看到如圖 12-24 所示，多了一個 AirPort 的音響設備，選取它之後如果順利聽到音樂，就表示已經架設成功。

圖 12-25 透過 iPhone / iPad 來測試

Raspberry Pi 實戰應用—影像篇

本章重點

13.1　Raspberry 照相機——OpenCV 環境架設

此專案適用於所有的樹莓派機器。

OpenCV（Open Source Computer Vision Library）是一個跨平台的電腦視覺處理函示庫。由英特爾公司發起並參與開發，以 BSD 授權條款授權發行，可以在商業和研究領域中免費使用。OpenCV 可用於開發即時的圖像處理、電腦視覺以及模式識別程式。

OpenCV（開源計算機視覺庫）是在 BSD 許可證下發布的，因此它在學術和商業用途上都是免費的。它具有 C＋＋、Python 和 Java 函式庫，並支援 Windows、Linux、Mac OS、iOS 和 Android。OpenCV 旨在提高計算效率並強調即時應用程式，其使用 C／C++編寫，可以利用多核處理。通過 OpenCL 啟用，它可以利用底層異構計算平台的硬體加速。該程式庫也可以使用英特爾公司的 IPP 進行加速處理。

OpenCV 在世界各地被採用，擁有超過 4.7 萬的用戶社群，預計下載量超過 1,400 萬。使用範圍從交互式藝術、繪圖軟體到機器人視覺處理等。

圖 13-1　OpenCV 官方網站

OpenCV 專案最早於 1999 年由英特爾公司啟動，致力於 CPU 圖形影像的處理，是一個包括如光線追蹤和 3D 顯示計畫的一部分。早期 OpenCV 的主要目標是為推進機器視覺的研究，提供一套開源且最佳化的基礎庫，使開發人員開發更容易。

通過提供一個不需要開源或免費的軟體授權，促進商業應用軟體的開發，現在 OpenCV 也整合了對CUDA 的支援。OpenCV 的第一個預覽版本於 2000 年在 IEEE Conference on Computer Vision and Pattern Recognition 公開，並且後續提供了五個測試版本，1.0 版本於 2006 年釋出。

OpenCV 的第二個主要版本是 2009 年 10 月的 OpenCV 2.0。該版本的主要更新包括 C++ 介面、更容易且類型更安全的模式、新的函式，以及對現有實現的最佳化（特別是多核心方面）。現在每 6 個月就會有一個官方版本，並由一個商業公司贊助的獨立小組進行開發。OpenCV 3 版本在 2015 年正式推出，而 OpenCV 4 版本已經在 2019 年推出，與本書範例相容的是 OpenCV 3 、4 版。

◉ 應用領域

OpenCV 可應用在以下的領域：如 AR、VR、人臉識別、手勢識別、人機互動、動作識別、運動追蹤、物體識別、圖像分割和機器人等。openCV 用 C++ 語言編寫，主要介面也是 C++ 語言，但是依然保留了大量的 C 語言介面。該庫也有大量的 Python、Java 和 MATLAB/OCTAVE 的介面。這些語言的 API 介面函式可以通過線上文件獲得。現在也提供對於 C#、Ch、Ruby 和 Python 的支援，並且也在 2010 年後的版本使用 CUDA 的 GPU。

◉ 作業系統支援

OpenCV 可以在 Windows、Android、Maemo、FreeBSD、OpenBSD、iOS、Linux 和 Mac OS 等平台上執行。

◉ 硬體準備

- Raspberry Pi 板子

- 一個 USB 外接 webcam 或 Raspberry Pi camera 鏡頭

目前確定可以正常工作的 webcam 有：

- Logitech HD Webcam C270

- Creative Go PD00040

- Creative Live! Cam Vista IM VF0640

- 微軟的 NX-6000（筆者在本實驗所使用）

- Creative Carl Zeiss（也實際測試過，可以使用）

詳細內容請參考官方的視訊攝影機相容列表：*http://elinux.org/RPi_USB_Webcams*。

◉ 硬體接線

首先在 Raspberry Pi 接上 USB Hub 和 webcam。

 注意　請挑選合適的 webcam 品牌，否則 Linux 可能會找不到驅動程式，羅技早期的 webcam，樹莓派都有支援該驅動程式。

圖 13-2　把 Raspberry Pi 和 webcam

◉ 步驟

STEP 1　將 Webcam 接到樹莓派。將 Webcam 或樹莓派攝影機接到樹莓派，二個選其一就可。

圖 13-3 攝影機接到樹莓派

STEP 2 確認 USB webcam 可以使用。這個實驗會用到 USB webcam，所以先確認 USB webcam 可以正常的執行。

透過以下指令

```
$ lsusb
```

來確認是否已經有這個 USB webcam。

```
pi@raspberrypi ~ $ lsusb
Bus 001 Device 002: ID 0424:9512 Standard Microsystems Corp.
Bus 001 Device 001: ID 1d6b:0002 Linux Foundation 2.0 root hub
Bus 001 Device 003: ID 0424:ec00 Standard Microsystems Corp.
Bus 001 Device 004: ID 7392:7811 Edimax Technology Co., Ltd EW-7811Un 802.11n Wireles
s Adapter [Realtek RTL8188CUS]
Bus 001 Device 005: ID 05e3:0608 Genesys Logic, Inc. USB 2.0 4-Port HUB
Bus 001 Device 006: ID 046d:0809 Logitech, Inc. Webcam Pro 9000
```

圖 13-4 確認系統是否認得 USB webcam

STEP 3 因為要控制 USB webcam，所以先確認 USB webcam 的編號。

透過以下指令：

```
$ ls /dev/video?
```

來確認是否已經有/dev/video0 的設備。

```
pi@raspberrypi ~ $ ls /dev/video?
/dev/video0
```

圖 13-5　確認 USB webcam 是否有編號/dev/video0 的設備

STEP 4 安裝 openCV 函示庫。樹莓派需要額外安裝以下軟體來支援 OpenCV。

透過以下的指令來執行：

```
$ sudo apt-get install libatlas-base-dev
$ sudo apt-get install libjasper-dev
$ sudo apt-get install libqtgui4
$ sudo apt-get install python3-pyqt5
$ sudo apt-get install libqt4-test
$ sudo apt-get install libhdf5-dev
```

在 Python 上安裝與使用 OpenCV，最方便的方式就是透過 pip3 來安裝。

```
$ pip3 install opencv-python
```

```
pi@powenko:~ $ pip3 install opencv-python
Defaulting to user installation because normal site-packages is not wri
teable
Looking in indexes: https://pypi.org/simple, https://www.piwheels.org/s
imple
Requirement already satisfied: opencv-python in ./.local/lib/python3.7/
site-packages (4.5.1.48)
Requirement already satisfied: numpy>=1.14.5 in ./.local/lib/python3.7/
site-packages (from opencv-python) (1.19.5)
WARNING: You are using pip version 20.3.3; however, version 22.1.2 is a
vailable.
You should consider upgrading via the '/usr/bin/python3 -m pip install
--upgrade pip' command.
```

圖 13-6　安裝 OpenCV

基本上，這樣 pip3 就會自動把 Python 程式的 OpenCV 的函式庫安裝完畢。

STEP 5 在這裡需要寫 python 程式。

打開/home/pi/Desktop/01-helloopencv.py 檔案

```
$ nano  /home/pi/Desktop/01-helloopencv.py
```

輸入下面的 Python 程式。

範例程式：sample\ch13\01-helloopencv.py

```
1. import cv2                    # 匯入 OpenCv 函式庫
2. print(cv2.__version__)        # 顯示 OpenCV 版本編號
```

執行結果

透過以下指令來執行 python3 程式。

```
$ python3/home/pi/Desktop/01-helloopencv.py
```

```
pi@powenko:~ $ python3 /home/pi/Desktop/01-helloopencv.py
4.5.1
```

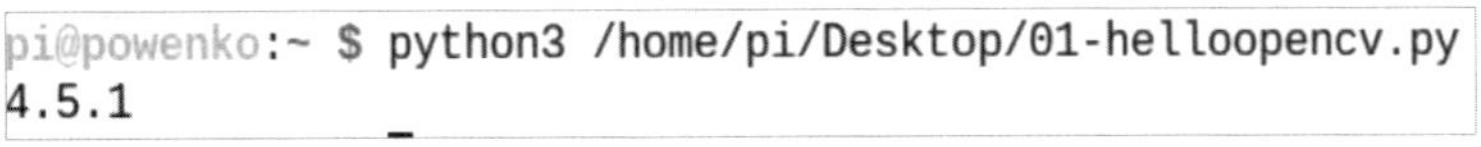

圖 13-7 執行結果

教學影片

請見 *13-1-openCV-install.mp4* 影片檔觀看結果。

13.2 Raspberry 照相機——儲存為 JPEG 圖片檔

此專案適用於所有的樹莓派機器。

透過 OpenCV 的顯示和儲存影像。

硬體準備

- Raspberry Pi 板子

- 一個 USB 外接 webcam 或 Raspberry Pi camera 鏡頭

硬體接線

首先在 Raspberry Pi 接上 USB Hub 和 webcam。

● 範例程式：sample\ch13\02-webcam-jpg.py

```
1. import cv2                              # 匯入 OpenCv 函式庫
2. from datetime import datetime           # 匯入 datetime 函式庫
3. cap = cv2.VideoCapture(0)               # 取得攝影機
4. while(True):
5.     ret, frame = cap.read() # 取得 WebCa 攝影機的即時畫面
6.     cv2.imshow('image',frame) # 顯示視窗內容為 img 的圖標題 image
7.     if ret==True:
8.         cv2.imshow('frame',frame)
9.     k=cv2.waitKey(1) # 延遲 1 ms
10.   if k== ord('q'): # 按下 q 鍵離開迴圈
11.         break
12.    elif k == ord('s'): # 按下 s 鍵
13.         now = datetime.now()
14.         fileName = now.strftime("%Y%m%d%H%M%S")
15.         cv2.imwrite(fileName+'.jpg', frame) # 儲存圖片
16. cap.release() # 關閉所有攝影機
17. cv2.destroyAllWindows() # 關閉所有視窗
```

在 OpenCV 透過 cv2.VideoCapture(0) 可以快速取得 WebCam 攝影機的設備，再經由 frame = cap.read() 就能取得 WebCa 攝影機的即時畫面，而畫面的內容同樣放在 numpy 內，可進行修改等處理動作。因為 WebCam 攝影機的內容會一直有變化，所以需要透過無限迴圈的方法，不斷地更新畫面 cv2.imshow('image',frame)，看起來就像是即時畫面。而當要離開程式時，因為 if cv2.waitKey(1) & 0xFF == ord('q'):，需按下 q 鍵離開迴圈；而 cv2.waitKey(1) 的意思是停 1 ms 毫秒、如果有鍵盤有動作，就回傳按鍵 ASCII 碼。

● 執行結果

透過以下指令來執行 python3 程式。

```
$ python302-webcam-jpg.py
```

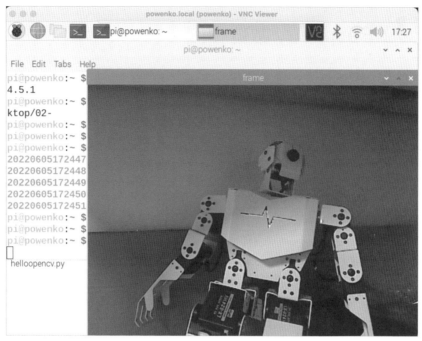

圖 13-8 執行結果

並且記得按下「s」鍵，就會把圖片儲存起來，按下「q」鍵就會離開程式。所以透過以下指令來觀看圖片和檔案。

```
$ ls
```

```
pi@powenko:~ $ ls
20220605172447.jpg  Bookshelf  minicom.log  Public       test
20220605172448.jpg  Desktop    mu_code      rpdiags.txt  tt
20220605172449.jpg  Documents  Music        Scratch      Videos
20220605172450.jpg  Downloads  nano.save    sketchbook
20220605172451.jpg  high.txt   Pictures     Templates
pi@powenko:~ $
```

圖 13-9 儲存後的圖片

教學影片

請見 *13-2-openCV-webcam-save.mp4* 影片檔觀看結果。

13.3　Raspberry 數位相機

此專案適用於所有的樹莓派機器。

在智慧型手機拍照已成為主流的現代，您是否有點懷念數位相機呢？本節筆者將把 RaspberryPi 設定成一台數位相機，按下硬體的按鈕後就可以拍出一張數位照片。

◉ 硬體準備

- Raspberry Pi 板子

- 一個 USB 外接 webcam 或 Raspberry Pi camera 鏡頭

- 1 個按鈕

- 一個麵包板

- 1 個 1K 電阻

- 電線

- 1 個手機用的 USB 充電電池

此處因考量攜帶的便利性，所以使用手機的 USB 充電電池。

◉ 硬體接線

首先在 Raspberry Pi 接上 USB Hub 和 webcam。

圖 13-10　把 Raspberry Pi 改造成照相機

◉ 硬體接線

Raspberry Pi 接腳	元件接腳
Pin 16，GPIO 23	按鍵 1 的接腳
Pin 6，GND	電阻的接腳
Pin 2，5V	按鍵的接腳

◉ **硬體接線圖：** sample\ch13\03-camera.fzz

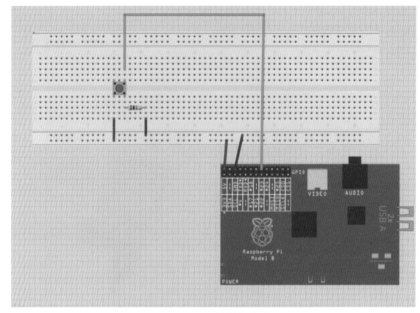

圖 13-11　硬體接線設計圖

◉ **範例程式：** sample\ch13\03-cameara-hw.py

```
1.  import cv2                          # 匯入 OpenCv 函式庫
2.  from datetime import datetime       # 匯入 datetime 函式庫
3.  import time
4.  import RPi.GPIO as GPIO
5.  GPIO.setmode(GPIO.BCM)
6.  GPIO.setup(23, GPIO.IN)
7.
8.  cap = cv2.VideoCapture(0) # 取得攝影機
9.  while(True):
10.     ret, frame = cap.read() # 取得 WebCam 攝影機的即時畫面
11.
12.     if ret==True:
13.         cv2.imshow('frame',frame)   # 顯示視窗內容為 img 的圖標題 image
14.     k=cv2.waitKey(1) # 延遲 1 ms
15.     if k== ord('q'): # 按下 q 鍵離開迴圈
16.         break
17.     if GPIO.input(23)==0 or k == ord('s'): # 按下硬體或 s 鍵
18.         now = datetime.now()
18.         fileName = now.strftime("%Y%m%d%H%M%S")
19.         cv2.imwrite(fileName+'.jpg', frame) # 儲存圖片
20.     time.sleep(0.3)
```

```
21. cap.release()  # 關閉所有攝影機
22. cv2.destroyAllWindows()  # 關閉所有視窗
23. GPIO.cleanup()  # 清除 GPIO
```

◉ 程式解說

- 第 4-6 行：GPIO 接腳設定。

- 第 17 行：判斷是否有按下按鈕。

- 第 18 行：設定檔案名稱為「年_月_日_時_分_秒」這樣的格式。

- 第 19 行：儲存圖片。

當按下按鍵時，便會用攝影機拍一張照片。

◉ 執行結果

透過以下指令來執行 python3 程式。

```
$ python303-cameara-hw.py
```

圖 13-12 拍出來的效果

🖵 教學影片

請見 *13-3-openCV-webcam-save-hw.mp4* 影片檔觀看結果。

13.4 行車記錄器

此專案適用於所有的樹莓派機器。

本節將把 Raspberry Pi 設定成行車記錄器，只要開機就會開始錄影。

◉ 硬體準備

-  Raspberry Pi 板子

- 一個 USB 外接 webcam 或 Raspberry Pi camera 鏡頭

◉ 硬體接線

首先在 Raspberry Pi 接上攝影機。

圖 13-13　把 Raspberry Pi 改造成照相機

◉ 範例程式：sample\ch13\04-driving_recorder.py

```
1.  import os, time
2.  import glob
3.  timeRemoveOldFiles=7 * 24*60*60   #移除舊的檔案時間 7 天前
4.  timeRecrdTime=2 * 60
5.  width = 320
6.  height = 200
7.  fps=12.0
8.  fileType="*.mp4"
9.  path = r""
10. #移除 7 天前舊的檔案
11. now = time.time()
```

```
12. for filename in glob.glob(path+fileType): # os.listdir(path):
13.     if os.path.getmtime(os.path.join(path, filename)) < now -
          timeRemoveOldFiles:
14.         if os.path.isfile(os.path.join(path, filename)):
15.             print(filename)                    #要移除的檔案
16.             os.remove(os.path.join(path, filename))  #移除檔案
17.
18. from datetime import datetime#抓取現在的時間
19. now = datetime.now()
20. print("now =", now)
21. dt_string = now.strftime("%Y%m%d%H%M%S")      # 年月日時分秒
22. print("date and time =", dt_string)
23. lastTiime=int(dt_string)                      #轉成整數
24.
25. import numpy as np
26. import cv2
27. cap = cv2.VideoCapture(0)#錄影機設定
28. fourcc = cv2.VideoWriter_fourcc(*'MP4V')      # 錄影格式
29.
30. # 檔名
31. out = cv2.VideoWriter(dt_string+'.mp4', fourcc, fps, (width, height)) # 檔名
32.
33. while cap.isOpened():
34.     ret, frame = cap.read()       # 是否有攝影機, 取得攝影機的畫面
35.     if ret is True:
36.         frame = cv2.resize(frame, (width, height))    #改變圖片的大小
37.         out.write(frame)                          #寫入
38.         now = datetime.now()                      # 抓取現在的時間
39.         dt_string = now.strftime("%Y%m%d%H%M%S")  # 年月日時分秒
40.         currentTime = int(dt_string)              # 轉成整數
41.         if(currentTime>lastTiime+timeRecrdTime):  # 時間差
42.             lastTiime=currentTime
43.             out.release()
44.             out = cv2.VideoWriter(dt_string + '.mp4', fourcc, fps,
                  (width, height))
45.             cv2.imshow('frame', frame)            # 顯示
46.     else:
47.         break
48.
49.     key = cv2.waitKey(1)
50.     if key == ord("q"):
51.         break
52. cap.release()
53. out.release()
54. cv2.destroyAllWindows()
```

◉ 程式解說

- 第 11-16 行：移除超過 7 天的舊檔案。

- 第 18-23 行：取得現在時間。

- 第 25-28 行：設定攝影機和錄影的格式。

- 第 33-37 行：錄影。

- 第 38-42 行：計算時間差，錄影是否超過 2 分鐘。

- 第 43-44 行：換儲存檔案。

這個程式啟動的時候，會移除掉超過 7 天以上的舊檔案，並且使用 mp4vx 的 mp4 檔案，把攝影機的影像儲存起來；另外，每隔兩分鐘會換一個檔案名稱並且持續的錄影。

◉ 執行結果

透過以下指令來執行 python3 程式。

```
$ python3    04-driving_recorder.py
```

圖 13-14　執行結果

按下「q」鍵就會離開程式，可以透過 VLC 來觀看影片。

🎬 教學影片

請見 *13-4-driving_recorder.mp4* 影片檔觀看結果。

13.5 架設網路攝影機

此專案適用於所有的樹莓派機器。

居家安全一直是生活中最重要的一環,因此,本節說明如何利用 Raspberry Pi 架設一台 IP Cam 網路攝影機,讓您能透過遠端從手機或網頁隨時掌握家裡狀況。目前市售的 IPCam 網路攝影機要價不菲,只要依照下面的步驟逐步設定,就可以完成高 CP 值 Raspberry Pi 版本的 IP Cam。

◉ 硬體準備

- ▨ Raspberry Pi 板子
- 網路環境
- ⇱ 一個 USB 外接 webcam、USB 鏡頭

◉ 硬體接線

在 Raspberry Pi 接上 webcam。

圖 13-15　在 Raspberry Pi 的網路攝影機

◉ 執行

透過以下指令來執行 python3 程式。完成的程式放在 sample/ch13/05-mjpeg-httpserver.py 之中。

```
$ python305-mjpeg-httpServer.py
```

圖 13-16　執行結果

按下「Ctrl+C」鍵就會離開程式，可以透過以下網址來觀看影片：

http://127.0.0.1:8888/cam.mjeg

📽 教學影片

請見 *13-5-mjpeg-httpServer.mp4* 影片檔觀看結果。

PC 上的使用

只要透過瀏覽器就可以執行和觀看。以筆者的機器為例，在瀏覽器上輸入 Raspberry Pi 的 IP 位置，再加上 8888 即可觀看，例如：*http://192.168.0.184:8888/cam.mjpg*。請讀者依實際情況修改自己的 IP 位址。

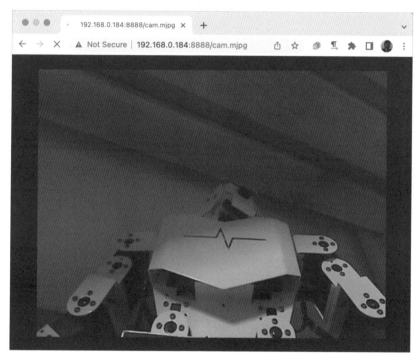

圖 13-17 透過瀏覽器觀看

iOS 和 Android 上的使用

使用 iOS 和 Android 的瀏覽器，也可以執行和觀看。

補充資料：增加自動啟動的機制

編輯/etc/rc.local 檔案，讓網路攝影機在每次開機時都可以自動執行，否則每次開機都要再執行一次程式，實在是太麻煩了。可以透過文字編輯軟體：

```
$ sudo nano /etc/rc.local
```

在 exit 0 之前輸入以下的指令，請依照實際路徑調整，並且儲存。

```
sudo python /home/pi/05-mjpeg-httpServer.py &
```

◎ 程式解說

因為 05-mjpeg-httpserver.py 這個程式太冗長，在此局部的說明該程式，

一開始時，透過

```
server = ThreadedHTTPServer('0',('0.0.0.0', 8888), CamHandler)
```

呼叫自行撰寫的程式類別，開啟另外一個執行緒來處理攝影機和網路的部分。

◎ 局部範例程式：sample\ch13\05-mjpeg-httpServer.py

```
1. def do_GET(self):
2.    if self.path.endswith('.mjpg'):
3.        self.send_response(http.HTTPStatus.OK)
4.        self.send_header('Content-type', 'multipart/x-mixed-replace;
5. boundary=--jpgboundary')
6.        self.end_headers()
7.        while True:
8.            try:
9.                img = self.server.read_frame()
10.               retval, jpg = cv2.imencode('.jpg', img)
11.               if not retval:
12.                   raise RuntimeError('Could not encode img to JPEG')
13.               jpg_bytes = jpg.tobytes()
14.               self.wfile.write("--jpgboundary\r\n".encode())
15.               self.send_header('Content-type', 'image/jpeg')
16.               self.send_header('Content-length', len(jpg_bytes))
17.               self.end_headers()
18.               self.wfile.write(jpg_bytes)
19.               time.sleep(self.server.read_delay)
```

◎ 程式解說

- 第 1 行：主要是處理當 http 的需求的觸發事件。

- 第 2 行：判斷 http 讀取.mjpeg 檔案嗎？

- 第 3-6 行：http 的定義檔頭處理

- 第 9-10 行：讀取攝影機畫面，並轉成 jpg 讀檔

- 第 11-12 行：錯誤訊息

- 第 13-18 行：將 jpg 圖片透過 http 回傳給用戶

- 第 19 行：延遲

14

Raspberry Pi 實戰應用─NAS 伺服器

14.1 外接硬碟——格式化 ext2

此專案適用於所有的樹莓派機器。

雖然樹莓派本身可以讀取 NTFS 和 FAT32，但讀取速度相對於 Linux 本身 ext2 會慢一些，或是每次要備份資料時都必須花很多時間接硬碟。如果您希望能把手邊閒置的硬碟和隨身碟變成影音伺服器檔案中心，可參考本章節格式硬碟。

◉ 硬體準備

- Raspberry Pi 板子

- 一個 USB 外接硬碟
  （請用外接電源來供電）

- 一個 USB Hub（選配）

◉ 硬體接線

在 Raspberry Pi 接上 USB 外接硬碟，可以用 USB Hub 連接，可以多接幾個一起使用。

> 注意　此處所使用的硬碟，請採用外接電源的外接式硬碟盒，並接上電源，因為如果單靠 Raspberry Pi 的 USB 電源，是無法供給外接式硬碟所需要的電力，會造成不必要的穩定性上的問題。

圖 14-1　在 Raspberry Pi 接上 USB 外接硬碟

◉ 步驟

STEP 1　格式化外接式硬碟和隨身碟。

 注意 由於格式化之後硬碟中的資料都會被完全刪除，請務必先做好
備份。大多數的 Windows 使用者會把硬碟格式化成 FAT32/NTFS，
而 Linux 的使用者常使用的硬碟格式多為 ext2。

請確定外接式硬碟是在 sda，如果不確定的話，請先把其他的硬碟移除。

```
$sudo parted /dev/sda
```

這裡系統會提問一些問題

```
GNU Parted 2.3
Using /dev/sda
Welcome to GNU Parted! Type 'help' to view a list of commands.
```

把該硬碟相關的資料顯示出來，輸入「print」。

```
(parted) print
```

```
Model: WDC WD20 EARX-00PASB0 (scsi)
Disk /dev/sda: 2000GB
Sector size (logical/physical): 512B/512B
Partition Table: gpt

Number  Start   End     Size    File   system     Name        Flags
 1      20.5kB  210MB   210MB   fat32    EFI   System Partition  boot
 2      210MB   2000GB  2000GB  hfsx     2TB   Time Machine
```

接下來要設定硬碟的表格資料型態，請輸入「mktable msdos」，系統會提
示警告訊息，告知會把資料全部移除。

```
(parted) mktable msdos
```

```
Warning: The existing disk label on /dev/sda will be destroyed and all
data on this disk will be lost. Do you want to continue?
（警告：在 /dev/sda 現有硬碟上的所有數據將被銷毀。是否要繼續？）
```

parted 程式會詢問是否確定，請回答「Yes」。

```
Yes/No? Yes
```

接下來開始建立硬碟分割 partition。

```
(parted) mkpart
```

要做主要分割硬碟，還是次要的分割硬碟。請回答「primary」。

```
Partition type?  primary/extended? primary
```

接下來會詢問硬碟檔案格式，請輸入「ext2」。

```
File system type?  [ext2]? ext2
```

硬碟分割的開始空間，請輸入「0GB」。

```
Start? 0GB
```

硬碟分割的結束空間，請依照硬碟大小，輸入合適的空間大小。如 2 TB 的硬碟，輸入「2TB」；如果硬碟是 256GB，輸入「256GB」。

```
End? 2TB
```

完成後，請輸入「quit」離開。

```
(parted) quit
```

```
pi@raspberrypi ~ $ sudo parted /dev/sda
GNU Parted 2.3
Using /dev/sda
Welcome to GNU Parted! Type 'help' to view a list of commands.
(parted)
(parted) print
Model: WDC WD20 EARX-00PASB0 (scsi)
Disk /dev/sda: 2000GB
Sector size (logical/physical): 512B/512B
Partition Table: gpt

Number  Start   End     Size    File system  Name                   Flags
1       20.5kB  210MB   210MB   fat32        EFI System Partition   boot
2       210MB   2000GB  2000GB  hfsx         2TB Time Machine

(parted) mktable msdos
Warning: The existing disk label on /dev/sda will be destroyed and all data on
this disk will be lost. Do you want to continue?
Yes/No? Yes
(parted) mkpart
Partition type?  primary/extended? primary
File system type?  [ext2]? ext2
Start? 0GB
End? 2TB
(parted) quit
Information: You may need to update /etc/fstab.
```

圖 14-2　執行 sudo parted /dev/sda 會問的問題

STEP 2 分割硬碟。

接下來的動作就是分割硬碟。

```
$sudo partprobe
$sudo mkfs.ext4 /dev/sda1
```

```
pi@raspberrypi ~ $ sudo partprobe
pi@raspberrypi ~ $ sudo mkfs.ext4 /dev/sda1
mke2fs 1.42.5 (29-Jul-2012)
Filesystem label=
OS type: Linux
Block size=4096 (log=2)
Fragment size=4096 (log=2)
Stride=0 blocks, Stripe width=0 blocks
122101760 inodes, 488378368 blocks
24418918 blocks (5.00%) reserved for the super user
First data block=0
Maximum filesystem blocks=0
14905 block groups
32768 blocks per group, 32768 fragments per group
8192 inodes per group
Superblock backups stored on blocks:
        32768, 98304, 163840, 229376, 294912, 819200, 884736, 1605632, 2654208,
        4096000, 7962624, 11239424, 20480000, 23887872, 71663616, 78675968,
        102400000, 214990848

Allocating group tables: done
Writing inode tables: done
Creating journal (32768 blocks): done
Writing superblocks and filesystem accounting information: done
```

圖 14-3 開始 format 硬碟

STEP 3 掛上外接式硬碟和隨身碟。

因為希望能把硬碟由/mnt/storage 搬到 /mnt/home 之中,所以此處才會這樣寫,而樹莓派的作業系統,現在也支援自動 mount 的動作了。

```
$ sudo su
$ cd /
$ mkdir /mnt/home
$ mount /dev/sda1   /mnt/home/
$ exit
```

```
pi@raspberrypi ~ $ sudo su
root@raspberrypi:/home/pi# /home/pi# cd /
bash: /home/pi#: No such file or directory
root@raspberrypi:/home/pi#  cd /
root@raspberrypi:/# mkdir /mnt/home
root@raspberrypi:/# mount /dev/sda1  /mnt/home/
root@raspberrypi:/# mv /home/* /mnt/home/
root@raspberrypi:/# umount /mnt/home/
root@raspberrypi:/# rmdir /mnt/home/
root@raspberrypi:/# echo '/dev/sda1/home ext4 defaults 0 1' >> /etc/fstab
root@raspberrypi:/# mount -a
mount: mount point ext4 does not exist
root@raspberrypi:/# mount |  grep sda1
root@raspberrypi:/# ls /home/lost+found pi
root@raspberrypi:/# ls /home
root@raspberrypi:/# exit
exit
There are stopped jobs.
root@raspberrypi:/# █
```

圖 14-4　掛上外接式硬碟和隨身碟

14.2　架設網路檔案伺服器──Samba

此專案可以在所有的樹莓派機器使用！

透過 samba 將樹莓派變成影音伺服器檔案中心，用來備份圖片和檔案。本節教您使用 Raspberry Pi 架設一台超省錢的網路檔案 Server，依照下面的步驟逐步設定即可完成。

◉ **硬體準備**

- 　Raspberry Pi 板子

- 　一個 USB 外接硬碟

◉ **硬體接線**

在 Raspberry Pi 接上 USB 外接硬碟，用 USB Hub 連接，可以多接幾個一起使用。

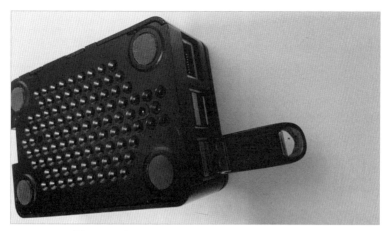

圖 14-5 在 Raspberry Pi 接上 USB 外接硬碟

◉ 步驟

STEP 1 安裝所需軟體。

因為需要從網路下載最新版本的軟體，所以請先更新 apt-get。

```
$sudo apt-get update
```

```
Desktop  ocr_p1.png  python_games
pi@raspberrypi ~ $ sudo apt-get update
Hit http://repository.wolfram.com stable Release.gpg
Hit http://repository.wolfram.com stable Release
Get:1 http://archive.raspberrypi.org wheezy Release.gpg [490 B]
Get:2 http://raspberrypi.collabora.com wheezy Release.gpg [836 B
Get:3 http://mirrordirector.raspbian.org wheezy Release.gpg [490
Get:4 http://archive.raspberrypi.org wheezy Release [7,227 B]
Get:5 http://raspberrypi.collabora.com wheezy Release [5,009 B]
Hit http://repository.wolfram.com stable/non-free armhf Packages
```

圖 14-6 更新 apt-get

STEP 2 安裝遠端檔案系統。

因為需要做檔案服務，所以請下載 samba 這個軟體。

```
$sudo apt-get install samba
```

```
$ sudo apt-get install samba-common-bin
```

STEP 3 安裝 NTFS。

因為需要支援 NTFS 硬碟,所以請下載 ntfs-3g 這個軟體。

```
$ sudo apt-get install ntfs-3g
```

STEP 4 建立使用者。

這個動作主要是建立 samba 使用者的帳號和權限。以下的動作,是建立一個叫 powenko 的使用者帳戶,如果想要取不同的使用者名稱,可以把 powenko 改成其他的英文名稱。

```
$sudo adduser powenko
```

並且在過程中輸入密碼,以及對該使用者的敘述。

```
root@raspberrypi:/home# $sudo adduser powenko
Adding user `powenko' ...
Adding new group `powenko' (1004) ...
Adding new user `powenko' (1001) with group `powenko' ...
Creating home directory `/home/powenko' ...
Copying files from `/etc/skel' ...
Enter new UNIX password:
Retype new UNIX password:
passwd: password updated successfully
Changing the user information for powenko
Enter the new value, or press ENTER for the default
        Full Name []: Powen Ko
        Room Number []:
        Work Phone []:
        Home Phone []:
        Other []: www.powenko.com
Is the information correct? [Y/n] Y
```

圖 14-7 使用 adduser 建立使用者帳號

建立好一般使用者帳戶之後,把該 powenko 使用者的資料送到 samba 上,按設定連線的密碼。

```
$sudo usermod -a -G sambashare powenko
$sudo pdbedit -a -u powenko
```

```
root@raspberrypi:/home# sudo usermod -a -G sambashare powenko
root@raspberrypi:/home# sudo pdbedit -a -u powenko
new password:
retype new password:
Unix username:        powenko
NT username:
Account Flags:        [U          ]
User SID:             S-1-5-21-355674155-2926933600-3750856622-1000
Primary Group SID:    S-1-5-21-355674155-2926933600-3750856622-513
Full Name:            Powen Ko,,,,www.powenko.com
Home Directory:       \\raspberrypi\powenko
HomeDir Drive:
Logon Script:
Profile Path:         \\raspberrypi\powenko\profile
Domain:               RASPBERRYPI
Account desc:
Workstations:
Munged dial:
Logon time:           0
Logoff time:          never
Kickoff time:         never
Password last set:    Sun, 02 Feb 2014 03:31:44 UTC
Password can change:  Sun, 02 Feb 2014 03:31:44 UTC
Password must change: never
Last bad password   : 0
Bad password count  : 0
Logon hours         : FFFFFFFFFFFFFFFFFFFFFFFFFFFFFFFFFFFFFFFFFFFF
root@raspberrypi:/home#
```

圖 14-8　建立使用者資料

如果想建立兩個以上的使用者，adduser 多執行幾次即可。

STEP 5 建立共享的檔案文件。

建立一個叫/home/allusers 的文件夾，方便每個人都可以存取和共用，也可以用其他的路徑，例如外接硬碟的路徑。

```
$sudo mkdir /home/allusers
$sudo chown root:sambashare /home/allusers/
$sudo chmod 770 /home/allusers/
$sudo chmod g+s /home/allusers/
```

```
root@raspberrypi:/home# sudo mkdir /home/allusers
root@raspberrypi:/home# sudo chown root:sambashare /home/allusers/
root@raspberrypi:/home# sudo chmod 770 /home/allusers/
root@raspberrypi:/home# sudo chmod g+s /home/allusers/
root@raspberrypi:/home#
```

圖 14-9　把該使用者的資料送到 samba 上

STEP 6 設定 samba。

接下來透過 nano 文字編輯器,修改 samba 設定。

```
$ sudo nano /etc/samba/smb.conf
```

找一下 Authentication 區域,修改啟動安全性如下:

```
security = user
```

```
####### Authentication #######

# "security = user" is always a good idea. This will require a Unix account
# in this server for every user accessing the server. See
# /usr/share/doc/samba-doc/htmldocs/Samba3-HOWTO/ServerType.html
# in the samba-doc package for details.
  security = user

# You may wish to use password encryption.  See the section on
# 'encrypt passwords' in the smb.conf(5) manpage before enabling.
  encrypt passwords = true

# If you are using encrypted passwords, Samba will need to know what
# password database type you are using.
  passdb backend = tdbsam

  obey pam restrictions = yes
```

圖 14-10 修改啓動安全性

再到 Share Definitions 區域,將使用者由唯讀修改成可讀寫。

```
read only = no
```

```
#======================= Share Definitions =======================

[homes]
  comment = Home Directories
  browseable = no

# By default, the home directories are exported read-only. Change the
# next parameter to 'no' if you want to be able to write to them.
  read only = no

# File creation mask is set to 0700 for security reasons. If you want to
# create files with group=rw permissions, set next parameter to 0775.
  create mask = 0700
```

圖 14-11 將使用者由唯讀修改成可讀寫

並在檔案的最後加上以下設定，讓剛剛共享的檔案路徑/home/allusers 變成讓每個人都可以存取。

```
[allusers]
  comment=Shared Folder
  path=/home/allusers
  read only=no
  guest ok=no
  browseable=yes
  create mask =0644
  directory mask =0755
writeable=Yes
 public=no
 only guest=no

workgroup = WORKGROUP
wins support = Yes
```

圖 14-12 在文件最後加上共享的檔案路徑/home/allusers

按下「Ctrl + O」鍵儲存，並按「Ctrl + X」鍵離開 nano 文字編輯器。

STEP 7 重新啟動 samba。

接下來重新啟動 samba 就完成了。

```
$ sudo /etc/init.d/samba restart
```

🎬 **教學影片**

請見 *14-2-samba_FileServer.mp4* 影片檔，觀看整個安裝過程及結果。

14.3 電腦和手機連線到樹莓派 Samba 伺服器

此專案適用於所有的樹莓派機器。

⊚ Mac 使用者

Mac 上透過 Finder，選取「Go/Connect to Server...」。

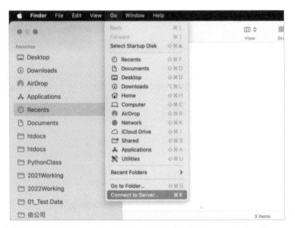

圖 14-13 透過 Mac 的 finder 選取 Go/Connect to Server...

輸入或選取 smb://樹莓派的 IP，例如

```
smb://192.168.0.184
```

圖 14-14 輸入或選取 smb://樹莓派的 IP

並把輸入 Step 4 時所建立的使用者名稱和密碼。

圖 14-15 透過 Mac 的 finder 選取 Raspberrypi 並輸入密碼

圖 14-16 連接後就可以上傳和下載資料

Windows 使用者

在 Windows 上透過檔案總管或網路芳鄰，輸入 \\ 樹莓派的 IP，例如

```
\\192.168.0.111
```

如果 Windows 還是無法透過網路芳鄰找到，可以透過 IE 瀏覽器，輸入 Raspberry Pi 的 IP 位置和使用者名稱就能找到，以下圖為例，輸入「\\192.168.0.111\」或者「\\192.168.0.111\powenko」，把 powenko 改成 Step 4 時所建立的使用者名稱。就可以了。

圖 14-17 透過 IE 輸入 IP 位置及使用者名稱和密碼

連接後就可以上傳和下載資料。可以用拖拉的方法，把文件夾拉到桌面建立一個捷徑，下回直接點選就能使用。

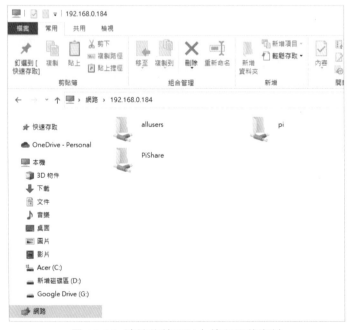

圖 14-18 連接後就可以上傳和下載資料

Windows 如果發生無法連接問題

Windows 如果發生無法連接問題時,可以透過以下方法修復,透過 Windows 鍵
開啟左邊的「設定」選項後,點選「應用程式」。

圖 14-19 點選「應用程式」

圖 14-20 開啟 SMB 的設定

1. 點選「應用程式與功能」的「程式與功能」。

2. 點選「開啟或關閉 Windows 功能」。

3. 在「開啟或關閉 Windows 功能」找「SMB 1.0/CIFS File Sharing Support（SMB 1.0/CIFS 檔案共用支援）」然後全部開啟就可。

完成後將電腦重新開機，再試一次就可以解決了。

🎬 教學影片

請見 *14-3-Windows-samba.mp4* 影片檔，觀看整個安裝過程及結果。

◉ Linux 使用者

Linux 上透過 X-window 的檔案總管，輸入或選取

```
smb://IP 位置/powenko
```

同「Windows」的用法，請把 powenko 改成 Step 4 時所建立的使用者名稱。

圖 14-21　Linux 上透過 X-window 的檔案總管連線

iOS 使用者

使用 iOS 和 Android 的瀏覽器，也可以執行和觀看喔！以 iOS 為例，它有免費的 APP——FileExplorer 可以使用。

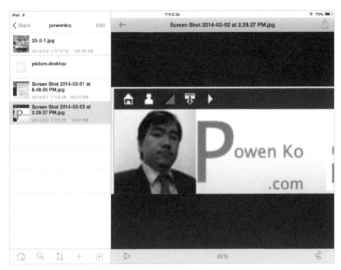

圖 14-22　在 iOS 連上網路硬碟

Android 使用者

Android 平台則是安裝 AndSMB App 就可以連線使用。

圖 14-23　在 Android 連上網路硬碟

14.4　Raspberry Dropbox

此專案適用於所有的樹莓派機器。

鼎鼎大名的 Dropbox 現在也有支援 Raspberry Pi！不管是傳遞照片、同步音樂等，只要依照本節的設定，即可將 Raspberry Pi 的資料同步到網路上。但由於 Dropbox 目前還沒有 ARM 版本的軟體，只有相對的有開發者的 API 可以使用，所以此處會借用 Open Source 中的專案來上傳或下載 Dropbox 檔案。

◉ 硬體準備

- Raspberry Pi 板子

- 網路環境

◉ 硬體接線

在 Raspberry Pi 接上網路，正常開機即可。

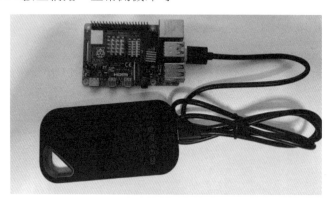

圖 14-24　把 Raspberry Pi 改造成 Dropbox 同步

步驟

STEP 1 更新 apt-get。

因為需要從網路下載最新版本的軟體,所以請先更新 apt-get。

```
$sudo apt-get update
$sudo apt-get upgrade
```

STEP 2 建立一個同步的路徑給 Dropbox 使用。

因為資料的同步和下載使用,都需要有個資料夾的路徑來作存放,所以建立一個 Dropbox 專用路徑。

```
$ mkdir ~/Dropbox
$ cd  ~/Dropbox
```

STEP 3 安裝 Dropbox-Uploader 專案。

這次將會用一個 Open Source 的專案 Dropbox-Uploader,來與 Dropbox 的檔案同步。

```
https://github.com/andreafabrizi/Dropbox-Uploader
```

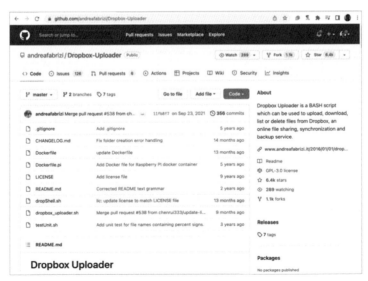

圖 14-25　Dropbox-Uploader 官方網站

STEP 4 下載 Dropbox-Uploader 軟體。

透過

```
$ git clone https://github.com/andreafabrizi/Dropbox-Uploader/
```

下載 source code 原始程式，成功後，進入軟體路徑。

```
$ cd Dropbox-Uploader
```

```
pi@raspberrypi ~/Dropbox $ git clone https://github.com/andreafabrizi/Dropbox-Uploader/
Cloning into 'Dropbox-Uploader'...
remote: Reusing existing pack: 587, done.
remote: Total 587 (delta 0), reused 0 (delta 0)
Receiving objects: 100% (587/587), 177.75 KiB | 166 KiB/s, done.
Resolving deltas: 100% (286/286), done.
pi@raspberrypi ~/Dropbox $ ls
Dropbox-Uploader
pi@raspberrypi ~/Dropbox $ cd Dropbox-Uploader/
pi@raspberrypi ~/Dropbox/Dropbox-Uploader $ ls
CHANGELOG.md  dropbox_uploader.sh  dropShell.sh  LICENSE  README.md
```

圖 14-26　下載 Dropbox-Uploader

STEP 5 安裝設定 Dropbox Uploader 軟體。

第一次使用時，需要做些設定，輸入

```
$  ./dropbox_uploader.sh list
```

```
pi@raspberrypi ~/Dropbox/Dropbox-Uploader $  ./dropbox_uploader.sh list

 This is the first time you run this script.

 1) Open the following URL in your Browser, and log in using your account: https://www2.dropbo
x.com/developers/apps
 2) Click on "Create App", then select "Dropbox API app"
 3) Select "Files and datastores"
 4) Now go on with the configuration, choosing the app permissions and access restrictions to
your DropBox folder
 5) Enter the "App Name" that you prefer (e.g. MyUploader313242619328828)

 Now, click on the "Create App" button.
```

圖 14-27　第一次安裝設定

此時，它會問在 Dropbox 的

```
# App key:
# App secret:
```

這是什麼？

因為目前 Dropbox 官方版本還沒有正式的 ARM CPU 的 Linux 軟體，所以安德里亞·法布里齊（Andrea Fabrizi），利用 Dropbox 官方的 Web service API 寫了一套用 shell script 的程式來讀取自己在 Dropbox 的檔案，也因為這樣，所以讀者在使用時需要有官方的 Dropbox API 權限，也就是開發者權限。

STEP 6 取得 App key 和 App secret。

透過網頁，打開 *https://www.dropbox.com/developers/apps* 進入 Dropbox 官方的開發者網站。

點選同意和 Sumit 送出。

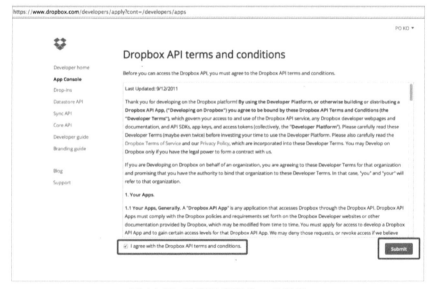

圖 14-28 點選同意和 Sumit 送出

接下來請依照圖 14-29 設定選取的功能，其中要特別注意「Provide an app name（設定應用程式的名稱）」，這裡要為 app 取一個特別的名稱，不能跟其他人一樣，最簡單的方法就是加上日期或時間以避免重複。

圖 14-29　設定後 Sumit 送出

進入管理 APP 權限的網頁，請先點選「Enable addition users」。

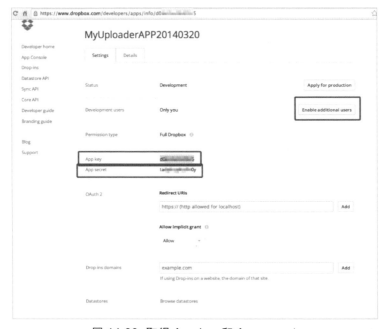

圖 14-30　取得 App key 和 App secret

把 App key 和 App secret 備份起來，並且輸入到 Raspberry Pi 中。

```
# App key: d0ko7        r5
# App secret: ta        ufm0y
# Permission type, App folder or Full Dropbox [a/f]:

> App key is d0        r5, App secret is tad        y and Access level is Full Dropbox. Loo
ks ok? [y/n]y

> Token request... OK
```

圖 14-31 輸入 App key 和 App secret 到 Raspberry Pi 中/dropbox_uploader.sh

STEP 7 設定 token。

dropbox_uploader.sh 會需要您透過網路取得認證，請用 PC 的瀏覽器，連到 *https://www2.dropbox.com/1/oauth/authorize?oauth_token=xxxxxxxxxxxx*。

xxxx 請改成實際取得的 token 認證代號，連線後，便會出現如圖 14-32 的畫面，按下網頁上的「Allow」按鈕。

圖 14-32 透過網頁，取得 token 認證之後，按下「Allow」按鈕

STEP 8 安裝設定完成。

回到 Raspberry Pi，按下「Enter」鍵進行下一步，就完成整個 Dropbox-Uploader 軟體的設定。

```
Press enter when done...

> Access Token request... OK

Setup completed!
```

圖 14-33　完成設定

14.4.1　指令教學

⦿ upload

上傳檔案。

範例

上傳所有在 /etc/passwd 的檔案到 Dropbox 中的 /myfiles/passwd.old。

```
./dropbox_uploader.sh upload /etc/passwd /myfiles/passwd.old
```

上傳現在路徑中的所有*.zip 的檔案到 Dropbox 中的 /。

```
./dropbox_uploader.sh upload *.zip /
```

上傳 My File.tx 檔案到 Dropbox 中的 My File 2.txt 中。

```
./dropbox_uploader.sh upload "My File.txt" "My File 2.txt"
```

⦿ download

下載檔案。

範例

下載 Dropbox 中的/backup.zip 檔案到現在的路徑中。

```
./dropbox_uploader.sh download /backup.zip
```

⦿ delete

刪除檔案。

範例

刪除檔名為「/backup.zip」的檔案。

```
./dropbox_uploader.sh delete /backup.zip
```

⦿ mkdir

建立 Dropbox 路徑。

範例

在 Dropbox 建立一個新的 /myDir/ 路徑。

```
./dropbox_uploader.sh mkdir /myDir/
```

⦿ share

分享和公開檔案。

範例

分享和公開「My File.txt」檔案。

```
./dropbox_uploader.sh share "My File.txt"
```

⦿ list

顯示 Dropbox 上的檔案和路徑。

範例

顯示 Dropbox 上的檔案和路徑。

```
./dropbox_uploader.sh list
```

◎ 使用方法

可以實際試試看，如果成功的話就可以把資料上傳。

圖 14-34　使用 Drop 將圖片上傳到 Dropbox 上

◎ 延伸教學

為避免下一次開機時找不到 dropbox_uploader.sh 的「shell script」檔，建議可以把路徑直接寫入開機檔案，一勞永逸。

使用文字編輯工具，編輯

```
$ sudo nano ~/.profile
```

在最後加上

```
Exoprt PATH=$PATH:~/Dropbox/Dropbox-Uploader/
```

請以實際的路徑為主，修改「~/Dropbox/Dropbox-Uploader/」路徑，儲存後離開就完成路徑的設定，這樣下一次開機時，就可以直接使用 dropbox_uploader.sh 指令，在任何路徑底下都可以執行 Dropbox 的動作。

```
GNU nano 2.2.6                    File: /home/pi/.bashrc                    Modified

# See /usr/share/doc/bash-doc/examples in the bash-doc package.

if [ -f ~/.bash_aliases ]; then
    . ~/.bash_aliases
fi

# enable programmable completion features (you don't need to enable
# this, if it's already enabled in /etc/bash.bashrc and /etc/profile
# sources /etc/bash.bashrc).
if [ -f /etc/bash_completion ] && ! shopt -oq posix; then
    . /etc/bash_completion
fi


export PATH=$PATH:~/Dropbox/Dropbox-Uploader/




^G Get Help    ^O WriteOut    ^R Read File    ^Y Prev Page    ^K Cut Text    ^C Cur Pos
^X Exit        ^J Justify     ^W Where Is     ^V Next Page    ^U UnCut Text  ^T To Spell
```

圖 14-35 加上路徑

編輯完「~/.profile」後，可以用以下的指令直接呼叫設定檔執行，不用等下一次
開機，就可以馬上使用。

```
$ source ~/.bashrc
```

📽 教學影片

請見 *14-4-1-raspberryPi-dropbox.mp4* 影片檔，觀看整個安裝過程及結果。

Raspberry Pi 4 最佳入門與實戰應用(第三版)

作　　者：柯博文
企劃編輯：石辰蓁
文字編輯：江雅鈴
設計裝幀：張寶莉
發 行 人：廖文良

發 行 所：碁峰資訊股份有限公司
地　　址：台北市南港區三重路 66 號 7 樓之 6
電　　話：(02)2788-2408
傳　　真：(02)8192-4433
網　　站：www.gotop.com.tw
書　　號：AEH004700
版　　次：2023 年 04 月三版
建議售價：NT$500

國家圖書館出版品預行編目資料

Raspberry Pi 4 最佳入門與實戰應用 / 柯博文著. -- 三版. -- 臺北
　市：碁峰資訊, 2023.04
　　面；　公分
　　ISBN 978-626-324-412-2(平裝)
　　1.CST：電腦程式設計
312.2　　　　　　　　　　　　　　　　　112000137

讀者服務

● 感謝您購買碁峰圖書，如果您對本書的內容或表達上有不清楚的地方或其他建議，請至碁峰網站：「聯絡我們」\「圖書問題」留下您所購買之書籍及問題。(請註明購買書籍之書號及書名，以及問題頁數，以便能儘快為您處理)

http://www.gotop.com.tw

● 售後服務僅限書籍本身內容，若是軟、硬體問題，請您直接與軟體廠商聯絡。

● 若於購買書籍後發現有破損、缺頁、裝訂錯誤之問題，請直接將書寄回更換，並註明您的姓名、連絡電話及地址，將有專人與您連絡補寄商品。